魏泉源 吴树彪 阎 中 等编著

城市餐厨垃圾处理与资源化

化学工业出版社

·北京·

随着我国经济快速发展及人民生活水平的不断提高与升级，餐厨废弃物的产生量也逐年递增，其处理处置已成威胁食品安全和制约城市发展的一大问题。餐厨垃圾兼具废物与资源的双重特性，大量餐厨垃圾造成了环境污染和生态破坏，但若加以合理利用，可以变废为宝成为有用的资源，因此，餐厨垃圾的资源化处理利国利民。

《城市餐厨垃圾处理与资源化》结合国内外科研项目成果以及先进成熟的工程技术与案例，系统地介绍了餐厨垃圾的特性分析、收集储运、处理利用及相关管理政策，重点介绍了餐厨垃圾的预处理、厌氧发酵和好氧堆肥的资源化处理技术与模式。本书可基本满足从事餐厨垃圾处理的工程技术人员的设计需要和大学环境类专业学生的学习需要，也可以对相关政府机关人员和社区工作者的决策起到辅助作用。

图书在版编目（CIP）数据

城市餐厨垃圾处理与资源化/魏泉源等编著. —北京：
化学工业出版社，2019.3（2021.1重印）
ISBN 978-7-122-33867-9

Ⅰ.①城…　Ⅱ.①魏…　Ⅲ.①城市-生活废物-垃圾处理-研究　Ⅳ.①X799.305

中国版本图书馆 CIP 数据核字（2019）第 027137 号

责任编辑：王淑燕　宋湘玲　　　　　文字编辑：焦欣渝
责任校对：张雨彤　　　　　　　　　装帧设计：关　飞

出版发行：化学工业出版社（北京市东城区青年湖南街 13 号　邮政编码 100011）
印　　装：三河市延风印装有限公司
710mm×1000mm　1/16　印张 12　字数 233 千字　2021 年 1 月北京第 1 版第 3 次印刷

购书咨询：010-64518888　　　　　　售后服务：010-64518899
网　　址：http://www.cip.com.cn
凡购买本书，如有缺损质量问题，本社销售中心负责调换。

定　　价：68.00 元

《城市餐厨垃圾处理与资源化》
编写人员名单

魏泉源　吴树彪　阎　中　曲永水　俞金海
王　龙　罗红祯　黄　博　王海粟　聂永山
肖　政　吴昊天　魏冬苓　薛　咏　张言超
张相雨　葛艳菊　王　朋　姚虹霞　谭淑慧
郭英杰　鲁　明　王陈晨　张仲君　甘瑾宁
王　宇　朱　朋　于　斐　叶梓良　邵桂彬

前言

　　随着城镇人口化的推进和人们生活条件的提升，我国生活垃圾产量逐年增加。 作为生活垃圾中的大头，餐厨垃圾危害城市卫生环境。 统计数据显示：中国城市每年产生餐厨垃圾不低于6000万吨。 数量庞大的餐厨废弃物处理问题令人头疼不已，由此伴生的"地沟油""垃圾猪"等各类食品安全问题，更是让民众谈之色变，这种状况亟待改变。

　　餐厨垃圾具有废物与资源的双重特性，大量的餐厨垃圾一方面带来了环境污染和生态破坏，另一方面由于餐厨垃圾自身的特性，若加以合理利用，可以变废为宝成为有用的资源，这不仅可以减轻餐厨垃圾管理无序带来的环境污染，还可以缓解我国资源短缺日益紧张的局面。 因此可以说餐厨垃圾是典型的"放错了地方的资源"。

　　随着餐厨垃圾问题的凸显，"舌尖上的安全"越发受到关注，目前各级政府十分重视餐厨垃圾的无害化、减量化和资源化处理。 学者和技术人员对餐厨垃圾处理技术的研究与应用，正在不断推进。 越来越多的人开始关注过多餐厨垃圾带来的生活影响。本书就餐厨垃圾回收利用的背景系统地介绍了餐厨垃圾的特性分析、收集储运、处理利用及相关管理政策的研究现状，重点介绍了餐厨垃圾的预处理、厌氧发酵和好氧堆肥的资源化处理技术。书中内容新颖全面、深入浅出，既有一定的理论深度，又偏重于实用性和应用，力求理论联系实际，满足从事餐厨垃圾处理的工程技术人员的设计需要和大学环境类专业学生的学习需要，也可以对有关政府机关人员和社区工作者的决策起到辅助作用。 本书旨在通过抛砖引玉，引起社会各界更好地重视餐厨垃圾资源化处理技术的发展，以及对餐厨垃圾处理工艺方法的探讨。

在本书的编著过程中，各位编写人员针对餐厨垃圾处理问题做出了大范围的调查总结，借鉴了前辈、同行学者的大量研究成果和文献，获得了来自同行同业者的诸多帮助，在此向他们表示衷心的感谢。

由于时间及作者水平有限，本书仅针对餐厨垃圾的处理做了系统的介绍，细节难免有不足之处，望读者们包涵，欢迎各位读者和有关专家批评指正。

编著者
2019 年 1 月

目录

》第4章 餐厨垃圾的收集与储运 / 56

》第5章 餐厨垃圾预处理 / 75

》第6章　餐厨垃圾的提油与高值化利用　/ 88

》第7章　餐厨垃圾厌氧消化处理技术　/ 115

》第8章 餐厨垃圾好氧堆肥处理技术 / 141

》第9章　工程案例　/ 163

第1章

概　述

随着经济水平的提高和人民生活水平的进步，我国餐饮业发展极为迅猛，其在繁荣城市经济和丰富人民物质文化生活方面发挥了积极的作用。但受传统生产观念的影响，部分餐饮从业人员环境法制观念淡薄，忽视环境效益，餐厨垃圾环境污染问题日益突出。2017 年，全国餐厨垃圾产生量约为 9972 万吨，日均餐厨垃圾产生量约为 27 万吨。但由于长期缺乏针对性的管理及监管手段，餐厨垃圾诱发的各类环境问题正日益成为人们关注的热点。本章通过对餐厨垃圾的介绍，深刻阐述餐厨垃圾产生的危害，使各行各业及公众对餐厨垃圾现状有初步了解，引起政府各部门的重视和提高公众的环保意识。

1.1　餐厨垃圾的定义与成分

餐厨垃圾广义上是指在食品生产、销售、加工、消费等环节所产生的有机废物，包括固体食物残余、餐饮废水、废弃食用油脂等；但狭义上是指餐馆、家庭产生的食品废物。近年来，对餐厨垃圾的定义逐渐细化，一般将家庭产生的食品废物称为厨余垃圾，餐厨垃圾特指学校、机关公共食堂、餐饮行业集中大量产生的食品废物。前者主要指居民日常烹调中废弃的下脚料，数量不及餐厨垃圾庞大；后者产生自饭店、食堂等餐饮业的残羹剩饭，具有产生量大、来源多、分布广的特点。

餐厨垃圾以淀粉、食物纤维、脂肪、蛋白质等有机物为主，具有含水率高，油脂、盐分含量高，易腐烂、发酵、发臭等特点，不经妥善处理容易诱发众多严重的环境问题。餐厨垃圾储存、运输过程中暴露在空气中，严重地影响了城市市容和环境卫生，恶臭气体、污水直接排放到周围环境中，也会污染城市及城市周边环境。此外，裸露存放的泔水引来并滋生了大量的蚊蝇、鼠虫，成为传播疾病的媒介。更为重要的是，城市餐馆、饭店等产生的大量餐厨垃圾被养猪的人以低廉的价格买走喂猪，用餐厨垃圾作为饲料喂养的"垃圾猪"富含了洗涤剂、消毒剂和杀虫剂以及食品霉烂产生的毒素，容易诱发各类人畜共患病。

1.2 餐厨垃圾的危害

目前国内普遍将餐厨垃圾作为普通垃圾简单处理，但由于餐厨垃圾中的有机物含量及含水率较高，填埋会导致大量渗沥液（即渗滤液）和沼气产生，会加大填埋作业难度和污水处理压力，而焚烧又存在热值低、易产生二噁英等问题。因此，餐厨垃圾的单独收集和处理已成为发展趋势。近年来，有许多省市先后出台了针对餐厨垃圾的管理办法及管理条例，明确提出了餐厨垃圾应该遵循单独收集、储存、运输的原则，送至处理中心进行集中处理，并提出处理过程应同时考虑垃圾的无害化与资源化利用。但是需要特别注意的是，我国对餐厨垃圾的处理处置仍然处于初级阶段，在政策导向、管理模式、技术路线、项目运作等众多方面存在着许多问题亟待解决。

国家发展和改革委员会办公厅等部门于 2010 年 5 月发布的《关于组织开展城市餐厨废弃物资源化利用和无害化处理试点工作的通知》中指出：用"地沟油"加工食用油、餐厨垃圾作为饲料进入食物链、直接排入下水道或通过城市生活垃圾收运处理系统进行填埋或焚烧造成资源浪费和环境污染，是餐厨垃圾的主要危害。2017 年 2 月 9 日，上海市食药监局发布《上海市小型餐饮服务提供者临时备案监督管理办法（试行）（征求意见稿）》强调食品类经营场所产生的餐厨垃圾、餐厨废弃油脂的处置要符合相关规定的要求。国务院办公厅以及省部级相继发布相关文件，可见餐厨垃圾已经严重影响到了我们的生活。事实上，目前餐厨垃圾造成的污染已经成为城市环境污染的主要问题，严重威胁人们的正常生活和身体健康，具体危害一般包括如下几方面。

（1）影响城市市容和人居环境

从感观性状来说，餐厨垃圾表现为油腻、含水高，影响人的视觉的舒适感。此外，由于餐厨垃圾具有很高的含水率和有机组分，使得其成为微生物存在的最佳环境，极易腐烂变质，产生一系列组成复杂的醛、酸等具有恶臭、使人难以接受的刺激性气味。餐厨垃圾中剩菜汤、泔水含量很大，目前餐厨垃圾运输工具十分简易，没有密封，极易造成餐厨垃圾渗漏，而且餐厨垃圾还有被乱倒在下水道、路边的情况，严重影响了市容环境卫生，对环境造成污染。

（2）作为饲料喂养家畜，存在同源性风险

目前，在我国相当多的省、市及欠发达地区的广大农村、城市郊区和相毗邻的农区，广大养殖户普遍用餐厨垃圾饲养畜禽，特别是喂猪已成为一种传统习惯。但是，城市餐厨垃圾来源复杂，有些餐厨垃圾内常掺有砂砾、铁丝、牙签等异物，可能对畜禽消化道造成物理性伤害。其次，一些餐厨垃圾由于收集、保管、存放时间过长，开始发酵、酸化、发霉甚至腐败，各类致病菌滋生，被猪食用后，有害物质蓄积在猪的脂肪、肌肉等组织里，对猪的生长不利。另外，餐饮行业产生的餐厨垃圾可能含有多种病菌，未经处理直接饲养畜禽，会通过畜禽体内毒素、有害物质的积累对人体健康带来危害，从而造成人畜之间的交叉传染。

（3）污染自然环境，对城市污水处理厂正常运行造成影响

餐厨垃圾油脂和有机物含量高，经排水系统进入污水处理厂，直接造成污水中的有机物浓度提高，进一步加重污水处理厂的负担，增加运行成本。但若不经处理直接排放容易造成污水管道的堵塞，特别是在冬季气温较低时，餐厨垃圾中的油脂在管道连接、变径、弯头等处沉积，加速了城市管网的堵塞。同时，若餐厨垃圾、泔水直接进入环境，容易引起地下水污染、湖泊富营养化、江河中的鱼虾等由于缺氧而窒息等各类问题。

（4）提炼地沟油，对人类健康造成隐患

一些餐厨垃圾被加工成"泔水油"，掺入食用油中出售，由于饭店大量使用洗涤剂、消毒剂和杀虫剂以及食品霉烂产生毒素等原因，使餐厨垃圾中含有大量的铅、汞、黄曲霉毒素及其他致癌物质等，长期食用会损伤人的神经、肝脏、肾脏和免疫系统等，可导致肠癌、胃癌、肝癌等恶性疾病。因此，这种食物链形式隐藏着巨大的病原体转移与扩散的危险。

（5）滋生病菌，传播疾病，造成健康隐患

各种餐厨垃圾中除了含有强感染性致病菌外，还含有许多有严重危害的细菌，每克餐厨垃圾在自然状态下放置24h左右，细菌含量即高达数亿个，大肠杆菌的含量达到数万个活菌。特别是来自于各类医院与公共餐饮行业的餐厨垃圾，其卫生安全质量更加无法保证，其中有各种病原微生物（沙门氏菌、志贺氏菌、金黄色葡萄球菌、结核杆菌等）、寄生虫及虫卵等有毒有害成分的残留和富集。这些病原微生物具有很强的感染性和致病性，一旦在环境中传播扩散将导致不可估量的严重后果。而裸露存放的泔水引来并滋生了大量的蚊蝇、鼠虫，不可避免地成了传播疾病的媒介。

综上所述，餐厨垃圾产生的危害已越来越严重，成为城市环境污染的新污染源，严重威胁人们的正常生活和身体健康，与全面建设小康社会、构建和谐社会不相适应，这一问题已经引起政府的高度重视和人们的广泛关注。因此，积极关注餐厨垃圾的产生及去向，大力开发适用于餐厨垃圾的处理处置技术，在全国范围内推行餐厨垃圾单独处理，已成为普遍关注的热点问题之一。

1.3 国内外餐厨垃圾产量分析

1.3.1 国外餐厨垃圾（有机）产生现状

目前，联合国环境规划署 2015 年估计全球每年产生的城市生活垃圾为 100 亿吨左右，世界银行 2018 年 8 月最新的报道显示餐厨垃圾类可以占到 44%（表 1-1）。但是，由于不同国家饮食结构、消费观念有较大区别，因此不同国家之间餐厨垃圾的比例相差较大（表 1-2）。

表 1-1　全球城市固体垃圾主要组成

组成	餐厨垃圾	玻璃	纸类	橡胶皮革	木材	金属	塑料	其他
百分比/%	44	5	17	2	2	4	12	14

表 1-2　全球几大 GDP 产量超千亿的国家的固体垃圾主要组成

国家	湿基成分/%								
	餐厨垃圾	玻璃	金属	庭院垃圾	纸制品	塑料	橡胶及纺织品	木材	其他
中国	61.2	2.1	1.1	—	9.6	9.8	1.3	1.8	13.1
日本	36	5	4	—	33	11	1	4	6
韩国	30	2.5	2.6	—	41	24.3	—	—	—
美国	15.1	4.4	9.1	13.3	25.9	13.1	9.3	6.2	3.6
墨西哥	52.4	5.9	3.4	—	13.8	10.9			12.1
加拿大	24	6	13		47				8
法国	32	10	3		20	9			26
英国	16.7	2.2	3.5	2.7	18.9	20.2		7.6	28.2
德国	30	10	1.4		24	13	4		17.7
西班牙	49	8	3		15	9			14
意大利	34.4	7.6	4.3		22.8	11.6		3.8	15.4
俄罗斯	28.41	16.82	1.83		19.7	14.2			19
土耳其	64	2	1		6	3			24
澳大利亚	48.44	3.81	19.38		17.3	7.61			3.46
巴西	51.4	2.4	2.9		13.1	13.5			16.7

数据来源：世界银行 2018 年 8 月份出版《WHAT A WASTE 2.0》及其他公开数据整理。

据统计，2000 年美国餐厨垃圾的产生量为 2598 万吨，占城市生活垃圾的 11.2%，仅次于纸张的 37.4% 和庭院垃圾的 12%，位列生活垃圾组分的第三位。

2001 年，美国城市生活垃圾的产生量为 2.29 亿吨，其中餐厨垃圾总量为 2620 万吨，占生活垃圾比例达到 11.4%，仅较上年提高了 0.2%。2011 年据美国《城市固体废弃物统计报告》统计，美国餐厨垃圾占城市垃圾总量的 21.3%，年产生量约为 3630 万吨，而循环利用率仅有 3.9%（按质量计算）。据美国环境保护局数据，2014 美国产生城市固体废弃物 2.58 亿吨，其中餐厨垃圾约 0.38 亿吨，占总产量的 14.9%，在这些固体废弃物中约有 8957 万吨被用于回收利用或堆肥处理。2015 年，美国城市垃圾产量上升到 2.62 亿吨，餐厨垃圾约 0.396 亿吨，占比提升到 15.1%（表 1-3），其中约有 6800 万吨城市固体废弃物被回收再利用，堆肥 2300 万吨，总共有超过 9100 万吨的城市固体废弃物被有效处理。

表 1-3 美国城市生活垃圾主要组分

| 年份 | 湿基成分/% | | | | | | | | | 年产量/亿吨 |
	厨余	纸类	塑料橡胶	织物	木材	金属	玻璃	庭院垃圾	其他	
2000	12.6	36.0	13.2	3.9	5.6	7.8	5.2	12.5	3.0	2.43
2005	13.0	33.4	14.5	4.5	5.8	8.0	4.9	12.6	3.2	2.53
2010	14.2	28.4	15.6	5.3	6.3	8.9	4.6	13.3	3.4	2.51
2014	14.9	26.5	16.1	5.9	6.2	9.1	4.4	13.3	3.5	2.58
2015	15.1	25.9	16.3	6.1	6.2	9.1	4.4	13.3	3.6	2.62

数据来源：据美国环境保护局 2018 年 7 月发布的数据整理。

加拿大城市生活垃圾根据不同来源分为三类：居民垃圾，工、商业和公共机构垃圾以及建筑垃圾等。以加拿大面积最大的城市多伦多市为例，该地区有 280 万人，2016 年全年产生城市生活垃圾 94.27 万吨，其中餐厨垃圾占到 46.5%，多伦多市每年产生的生活垃圾大约有 47.91% 被回收再利用；加拿大港口城市温哥华 2015 年有 90.95 万吨城市生活垃圾，其中有 43% 餐厨垃圾；位于加拿大不列颠哥伦比亚省的撒泥池市，根据当地媒体 2015 年报道，每年会有 3 万吨的餐厨垃圾产生，若用于积肥，可生产有机肥料 1.7 万吨。

欧洲每年的有机垃圾量为 5000 万吨左右，占生活垃圾比例较美国略高，约 20%~30%。以德国为例，德国将城市生活垃圾分为家庭垃圾和其他城市生活垃圾两大类。家庭垃圾包括普通家庭生活垃圾、公共垃圾、大件垃圾、可堆肥的有机垃圾、可生物降解的公园和花园垃圾、可以回收再利用的垃圾；其他城市生活垃圾包括街道清扫垃圾、市场垃圾、其他混合垃圾等。根据欧盟委员会 2015 年统计，欧洲每年产生的餐厨垃圾量 5000 万吨左右。2014 年全德国生活垃圾的总产生量为 5100 万吨，餐厨垃圾约为 30%。德国的生活垃圾中有 18.23% 用作堆肥处理；德国生活垃圾的 47.83% 可回收利用。

根据联合国环境规划署 2017 年出版的《ASIA Waste Management Outlook》，调查了亚洲 25 个国家的垃圾管理情况，数据表明 2014 年日本年产生城市固废

4432 万吨，人均日产 947g 生活垃圾，其中回收利用率为 20.6％，餐厨垃圾约占其中的 36％。日本于 2001 年实施了《食品废弃物循环法》，规定到 2006 年企业应减少 20％的生鲜垃圾排放量，并有义务对自身产生的垃圾进行循环利用。因此，一些大中型企业竞相进行餐厨垃圾处理装置的开发，到 2014 年，日本餐厨垃圾的处理达到了 35％以上。

韩国从 1991 年开始就强制执行了垃圾分类收集与回收系统，1995 年起实施垃圾专用袋制度，并成立厨余废弃物管理委员会。1991 年全国城市生活垃圾日产量为 9.2 万吨，其中餐厨垃圾占 27％。到 1994 年年底，韩国城市生活垃圾日产量减为 5.8 万吨，其中餐厨垃圾占 50％。2000 年统计结果显示，韩国城市生活垃圾日生产量约为 4.7 万吨，其中餐厨垃圾占 25％，总产量约 430 万吨。2004 年韩国日产生餐厨垃圾 11464t，占城市垃圾的 24％。2007 年韩国的厨余垃圾日产量为 14452t。2012 年韩国年产城市固体废弃物 1822 万吨，其中餐厨垃圾占 30％。2013 年，韩国首都首尔市日产生垃圾 9440t，其中食物垃圾约占 35.9％。

1.3.2　我国城市生活垃圾产生及组成

建设部、环保局、科技部发布的《城市生活垃圾处理及污染防治技术政策》（建发〔2000〕120 号）中，明确给出了"城市生活垃圾"的定义：城市生活垃圾是指在城市日常生活中或者为城市日常生活提供服务的活动中产生的固体废物以及法律、行政法规规定视为城市生活垃圾的固体废物。

1980～1995 年，我国城市生活垃圾清运量平均每年的增长速度为 8.5％，即由 1980 年的 3132 万吨增至 1995 年的 10671 万吨，增加了 240.7％。1995 年以后，我国城市生活垃圾清运量的增长趋势开始变缓，进入了一个低增长阶段。2000～2015 年，我国城市生活垃圾清运量平均每年的增长速度为 3.2％，即由 2000 年的 1.18 亿吨增至 2015 年的 1.91 亿吨，增加了 61.7％。

《中国城市建设年鉴（1986～1987）》首卷中总结了 1949～1986 年年底中国垃圾特性及管理发展历程，早期我国垃圾成分以煤灰为主（75％），有机垃圾相对较少（15％～20％）。2002 年，中国城市生活垃圾温室气体排放研究课题组对我国 20 个代表性城市的生活垃圾组成情况进行了调查（表 1-4）。调查统计分析指出，我国城市生活垃圾中的有机物（主要是厨余垃圾）由 1985～1990 年的 27.54％左右，迅猛上升至 1996 年的 57.15％，之后上升势头减缓，约占 50％。同时，垃圾中的无机物（灰土、砖瓦、石块等）与垃圾中的有机物相反，呈下降的趋势。2015 年北京城市固废 790 万吨，餐厨垃圾占城市生活垃圾总量的 63.4％。2015 年，我国城市生活垃圾的清运量达 1.91 亿吨，比 2000 年的 1.18 亿吨增加 61.70％，预计 2020 年城市垃圾产生量为 3.23 亿吨，年复合增长速度达到 3.28％。另外，我国还有 2300 多座县城，其生活垃圾量并未统计，估计年产 0.4 亿～0.5 亿吨。因此，全国城市生活垃圾总产生量已逾 2 亿吨。2015 年，杭州市厨余垃圾占城市生活垃坂总量的 57.18%。

表 1-4 1985～2000 年中国城市生活垃圾成分（平均值）调查统计结果

单位：%

年份	湿基成分									水分
	厨余	纸类	塑料橡胶	织物	木竹	金属	玻璃	砖瓦陶瓷	其他	
1985～1990	27.54	2.02	0.68	0.7	—	0.54	0.78	65.76	—	—
1991	59.86	2.85	2.77	1.43	2.1	0.95	1.6	25.03	3.41	41.06
1992	57.94	3.04	3.3	1.71	1.9	1.13	1.79	25.9	3.28	40.68
1993	54.25	3.58	3.78	1.71	1.83	1.08	1.69	27.76	4.32	41.61
1994	55.39	3.75	4.16	1.9	2.05	1.16	1.89	25.69	4	40.71
1995	55.78	3.56	4.62	1.98	2.58	1.22	1.91	23.31	4.64	39.05
1996	57.15	3.71	5.06	1.89	2.24	1.28	2.07	22.31	4.27	40.75
1999	49.17	6.72	10.73	2.1	2.84	1.03	3	21.58	3.26	48.15
2000	43.6	6.64	11.49	2.22	2.87	1.07	2.33	23.14	6.42	42.77

1.3.3 我国城市餐厨垃圾产生及组成

餐厨垃圾比例的上升与我国经济水平的发展、城市化水平的不断提高有极大的相关性。国家统计局统计结果显示，目前我国城市数量已从新中国成立前的 132 个增加到 2014 年的 664 个，城市化水平由 7.3% 提高到 2015 年的 56.1%。其中 100 万人口以上城市已从 1949 年的 10 个，发展到 2014 年的 142 个。作为城市生活垃圾的主要组成部分，我国餐厨垃圾主要来自于城市餐饮服务单位。据统计，2015 年全国有酒店、餐馆近 508 万家，每天产生的餐厨垃圾数量十分惊人。据国家环境公报显示，2001 年全国城市生活垃圾的清运量为 13470.4 万吨，其中餐厨垃圾约 4041.1 万～5388.2 万吨，占城市生活垃圾总量的 30%～50%，并且以每年 10% 的递增速度增加。

餐厨垃圾的产生来源主要分为三大部分：家庭厨余垃圾、企事业单位的内部食堂、餐饮服务业。根据查阅资料和实地调研得知，家庭厨余垃圾和居民小区的生活垃圾由分散收集到垃圾楼，一并由垃圾转运车收运，在垃圾中间转运站处经过物理分拣、筛分，一部分进行回收，剩余的垃圾被运送到生活垃圾填埋场、堆肥厂等地方进行再处理，而企事业单位的内部食堂、餐饮服务业的餐厨垃圾大部分被专门的人收运走，用来喂猪、炼"地沟油"和"泔脚油"等。所以对我国餐厨垃圾的产生量，环卫集团、统计局、年鉴等均没有记载，给餐厨垃圾产生量的预测分析及处理利用带来很大的难度。

本书通过大量文献调研，对国内目前部分城市餐厨垃圾的产生量进行了初步的调查分析，但是，目前国内对餐厨垃圾的研究属于刚起步阶段，对于一些概念的理解存在较大差异，同时统计口径、统计方法均有较大区别，因此目前公开的部分数据不尽一致，但可以作为下一阶段相关工作的借鉴（表1-5）。

表1-5　2013年中国部分城市餐厨垃圾产生量及占生活垃圾的比例和人均产生量

城市	人口/万人	生活垃圾/(t/d)	餐厨垃圾/(t/d)	比例/%	人均产生量 /[kg/(人·d)]
北京	1961	18000	2000	11.11	0.10
上海	2300	16200	1000	6.17	0.04
广州	1270	6800	1000	14.71	0.08
深圳	1035	8000	1600	20.00	0.15
重庆	2884	10000	1744	17.44	0.06
成都	1404	3000	700	23.33	0.05
哈尔滨	1063	3500	400	11.43	0.04
武汉	1000	5800	800	13.79	0.08
杭州	870	2250	720	32.00	0.08
西安	847	4200	500	11.90	0.06
东莞	822	8728	800	9.17	0.10
沈阳	786	4000	469	11.73	0.06
宁波	760	2162	151	6.98	0.02
贵阳	432	1000	300	30.00	0.07
太原	300	2850	608	21.33	0.20
兰州	361	2000	353	17.65	0.10
厦门	353	1291	300	23.24	0.08
乌鲁木齐	311	3000	400	13.33	0.13
西宁	220	570	150	26.32	0.07
三亚	69	500	50	10.00	0.07

（1）北京市

2015年北京市餐厨垃圾日产生量约为2650t（967万吨/年），新京报报道，2013年北京全市约6.5万家餐饮企业，餐厨垃圾日产生量约2000t；2012年北京城区餐厨垃圾产生量为(1762±191)t/d。张丽等人对北京六城区餐馆按照规模及功能分为九大类，对各类餐馆进行抽样调查得出2012年六城区垃圾产生量及分布结果（表1-6和表1-7）。依据2013年北京市统计年鉴，2012年北京市六城区共有常住人口1227.7万人，由此推算出六城区餐厨垃圾产生量为1.44t/(万人·d)。

表1-6　九类单位食堂餐厨垃圾日产生量

餐馆类别	特大型餐馆	大型餐馆	中型餐馆	小型餐馆	快餐店
kg/(d·个)	224	148	60	38	45

餐馆类别	小吃店	单位食堂	中小学食堂	大学食堂
kg/(d·个)	17	83	132	252

表 1-7 2012 年北京市不同来源垃圾成分 单位：%

来源	餐厨垃圾	可回收材料	其他
住宅区	69.32	27.95	2.73
市场	25.28	71.35	3.37
餐馆	54.81	43.79	1.40
商业区	32.35	52.91	14.72
学校	42.70	44.60	12.70
办公楼	42.85	55.02	2.13

（2）上海市

为了解上海市餐厨垃圾产生量与营业额之间的关系，2010 年年底～2011 年上半年，由上海市废管处与上海环境工程设计研究院牵头，在各区收运单位及上海市餐饮协会的协助下，针对上海市 21 类不同规模不同菜系进行了长时间的问卷调查及现场调研，整理的数据见表 1-8。

表 1-8 上海市不同类型餐饮单位餐厨垃圾产生量调研表

餐馆编号	规模及类型	餐馆档次	营业额/(千元/d)	餐厨垃圾/(kg/d)
1	特大型(本帮)	高	14940	279926
2	特大型(粤菜)	高	155507	241995
3	大型(粤菜)	中	119922	185055
4	特大型(本帮)	中高	9304	194735
5	特大型(黔菜)	中高	9723	165564
6	大型(湘菜)	中高	3287	40150
7	中型(湘菜)	中档	4082	48655
8	大型(粤菜)	中高	3154	40880
9	大型(本帮)	中高	2826	44603
10	大型(烧烤)	中高	1616	13410
11	大型(川菜)	中档	2445	32923
12	中型(茶馆)	中档	1706	15374
13	中型(火锅)	中档	2333	28105
14	中型(日式)	中高	14564	26280
15	中型(本帮)	中高	8030	16060
16	小型(火锅)	低档	652	13169
17	小型(拉面)	低档	391	14366
18	小型(快餐1)	低档	577	13231
19	小型(快餐2)	低档	745	14359
20	小型(快餐3)	中档	681	14071
21	小型(小吃)	低档	431	6643

董晓丹等分析了上海市生活垃圾的理化特征，发现餐厨垃圾类含量较高为61.1%，可回收物含量为38.34%，其中的可燃物为35.73%（表1-9）。

表1-9　2015年上海市城市固体垃圾主要组成（湿基）

组成	餐厨垃圾	玻璃	纸类	橡胶皮革	木材	纺织类	金属	其他
百分比/%	65.07	2.31	10.58	15.99	2.70	2.03	2.7	1.07

2015年上海共有近7万家普通餐饮企业和234家左右星级饭店，餐厨垃圾分厨余垃圾和废弃食用油脂两类。2015年平均每天产生的餐厨垃圾约2240t，废弃油脂约40t，主要来自餐饮业单位、各类学校食堂以及社会企事业单位食堂。其中餐饮业单位产生780t，占总量的69%；各类大、中、小学校产生130t，占总量的12%；企事业单位产生220t，占总量的19%。根据上海市废物管理处提供的各区县餐厨垃圾申报、收运、处置情况汇总表，到2003年8月，在申报单位数量上，上海12个主要城区已申报的各类泔脚垃圾产生单位仅为4776家，而主要城区餐饮店总数达2万家。在产生量申报上，全市泔脚垃圾申报总产量仅260t/d，明显少于实际产生量。同年上海全市餐厨垃圾收运处置量仅166t，见表1-10，占全部产量的15%，占申报量的63%左右。针对如上问题，上海市提出了严格的源头管理、定期申报制度。餐厨垃圾产生单位每年年初需向所在地市容环卫管理部门申报餐厨垃圾的种类和产生量，并按规定缴纳餐厨垃圾处理费。2008年上海餐厨垃圾申报受理单位共受理了6580余家单位的申报，申报的餐厨垃圾总量为660t/d。

表1-10　2002～2008年上半年上海市餐厨垃圾收运处理量

年份	2002	2003	2004	2005	2006	2007	2008
处理量/(t/d)	113	166	216	325	396	436	444

(3) 广州市

2015年广州市区约有餐饮网点2.6万家，包括了192家星级宾馆里的餐饮店。其中有规模的餐馆约有10600家，其余为西餐厅、茶餐厅、快餐店、小食档等。而单位食堂则更多，仅37所普通高校就有100多个食堂。据2015年数据统计，目前广州日产生活垃圾6800t，其中58.63%为有机垃圾，主要为餐厨垃圾、果蔬垃圾等，每日产生近4000t的餐厨垃圾。据不完全统计，广州市目前餐饮网点中，中式餐馆（店、档）占80%以上，以每家平均60个餐位计，则每天至少产生480t的餐厨垃圾。

陈群等2012年对广州市区餐馆餐厨垃圾产生量进行了调研，问卷调研样本餐饮单位398家，电话核查及现场核查100家，并对其中30家进行采样分析。结果表明，特大型餐馆日均产生量最大，食堂次之，大型餐馆再次，其他类型餐饮单位均在50kg/d以下。餐饮垃圾产生总量为708.7t/d，根据餐饮垃圾产生总量（708.7t/d）和常住人口数（473.6万人），计算得出该市餐饮垃圾人均产生量为

0.14kg/(人·d)（表1-11）。

表1-11　2012年广州市各类餐馆垃圾日均产生量及全市日产生量

餐饮类型	特大型餐馆	大型餐馆	中型餐馆	小型餐馆	食堂	快餐店	小吃店	饮品店	总计
全市产生量/(t/d)	10.2	82.9	101.4	77.0	307.2	67.1	57.2	5.7	708.7
各类餐饮日产生量/[kg/(家·d)]	225.3	108.7	41.7	26.9	131.6	23.5	20	2	—

（4）杭州市

杭州市环境卫生科学研究所在杭州进行了长达30年的"杭州市区生活垃圾物化调查"，2015年杭州市城市生活垃圾组成分类调查结果如表1-12所列。从组分来看，厨房垃圾相比于混合垃圾中的厨余成分提升了16.74%，其他垃圾相比于混合垃圾中的厨余成分下降了20.01%。这一数据说明市民在居民区的生活垃圾分类效果更好。

表1-12　2015年杭州市城市生活垃圾组成分类调查结果　　　单位：%

垃圾来源	厨余成分	纸类	塑料橡胶	纺织物	玻璃金属等其他成分
餐厨垃圾	71.43	12.41	8.5	4.16	3.5
其他垃圾	34.68	28.72	20.72	6.7	14.84
混合垃圾	54.69	16.21	10.3	3.96	14.84

唐伟等人也根据杭州市环境卫生科学研究所数据整理出杭州市生活垃圾中可降解有机物组分数据，生活垃圾中可降解有机物组成调查结果如表1-13所列。

表1-13　生活垃圾中可降解有机物组分调查结果

年份	生活垃圾可降解部分百分比/%				
	厨余	织物一	纸张	织物二	木材
2005	63.90	2.14	9.78	1.12	0.145
2006	59.09	1.96	10.73	1.31	0.142
2007	58.60	2.05	10.26	1.22	0.139
2008	58.11	2.85	9.53	1.23	0.137
2009	56.46	3.29	10.91	2.10	0.145
2010	58.29	2.85	9.53	2.21	0.142
2011	58.29	4.35	11.68	1.01	0.149
2012	56.21	4.49	11.74	1.33	0.148
2013	54.13	4.62	11.79	1.64	0.147
2014	53.28	5.27	11.6	1.83	0.147
2015	58.86	3.01	13.19	1.27	0.154
2016	57.18	4.07	13.19	1.48	0.155

（5）太原市

2008 年太原市现有登记注册的饭店、酒店共 4000 余家，另外，还有一些未经注册的宾馆、食堂、大排档、早餐供应点近 2000 家，按每万人每天产生 1t 餐厨垃圾的保守估算，日产量达 400t 左右。太原市环境卫生科学研究所对太原市餐厨垃圾排放情况进行调研，区别于其他城市的调研方法，考虑到餐饮企业就餐人数难以统计，此次调研选择经营规模为单位。调查显示（表 1-14），餐饮企业的餐厨垃圾产生量基本与经营规模成正比，平均单位日产生量为 $0.35kg/(m^2 \cdot d)$。学校食堂和单位职工食堂的餐厨垃圾产生量基本与就餐人数成正比，大中专院校与技校平均单位日产生量为 $0.20kg/(人 \cdot d)$，中小学食堂平均单位日产量为 $0.10kg/(人 \cdot d)$。

表 1-14　2010 年太原市各类型餐厨垃圾的产生量与构成

类别	数量/家	平均单位产量	合计产量/(t/d)	占比/%
大型餐饮业	1500	$150kg/(家 \cdot d)$	225	37.0
中小型餐饮业	8500	$30kg/(家 \cdot d)$	255	41.9
单位职工食堂	2000	$20kg/(家 \cdot d)$	40	6.6
高校（32 所）	245312	$0.20kg/(人 \cdot d)$	49	8.1
中专（28 所）	52933	$0.20kg/(人 \cdot d)$	11	1.8
技校（54 所）	30862	$0.20kg/(人 \cdot d)$	8	1.3
幼儿园（896 所）	83781	$0.15kg/(人 \cdot d)$	13	2.1
中学（251 所）	222462 人×20%（就餐率）	$0.10kg/(人 \cdot d)$	4	0.7
小学（1003 所）	317752 人×10%（就餐率）	$0.10kg/(人 \cdot d)$	3	0.5
合计			608	100.0

（6）重庆市

重庆市餐饮营业网点达到了 8.4 万家，主城区约有 2.4 万家。唐敏等 2010 年对重庆市餐厨垃圾现状进行调查，采用问卷入户调查的方式，对重庆主城区的 312 家餐厨垃圾产生单位进行了抽样调查，回收有效问卷 294 份，问卷有效回收率 94.2%。此次调研涉及的 294 家餐饮网点每天产生餐厨垃圾约为 21.36t，平均每家产生的餐厨垃圾约为 72.65kg，见表 1-15。

表 1-15　2010 年重庆市各类餐饮单位餐厨垃圾产生量

类别	火（汤）锅	宾馆酒店（有住宿）	酒楼饭店（无住宿）	快餐、面食、西餐、小吃等	总计
调查样本数量/（家）	78	36	114	66	294
产生总量/（t/d）	3.99	10.29	4.77	2.31	21.36
人均产生量/[kg/(人 \cdot d)]	0.54	1.85	0.40	0.32	0.67

考虑各餐饮单位规模及重复上座率，计算各个单位的餐厨垃圾人均产生量，结果表明：人均餐厨垃圾产生量最大的是宾馆酒店类（有住宿），平均为

1.85kg/（人·d）。其次为火（汤）锅类餐饮单位，人均产生量为 0.54kg/（人·d），但实行一次性锅底与非一次性锅底的餐饮单位之间差别很大，使用一次性锅底的火锅店餐厨垃圾人均产生量达到 2.5kg/（人·d）。由此可见，重庆市对餐厨垃圾总量贡献较大及人均产生量较高的是宾馆酒店以及火（汤）锅店。根据调研结果，按照主城区 2.4 万家餐饮网点估算，重庆市主城区每天餐厨垃圾产生量约为 1743.67t，年产生量 63.64 万吨左右。

（7）长沙市

长沙拥有大小餐饮单位 1.6 万余家，其中，大、中型餐饮单位（15 桌以上）4000 余家，小型餐饮单位 1.2 万余家。为守护市民"舌尖上的安全"，长沙于 2012 年正式启动餐厨垃圾资源化利用无害化处理试点，每天对签约的餐饮单位进行定时、定点上门收集。收集来的餐厨垃圾通过固液分离后，废水经处理达标排放，废弃油脂加工成生物柴油，残渣则通过厌氧发酵产生沼气用于发电。截至目前，长沙市大中型餐饮企业已全部实现签约，日均收运处理餐厨垃圾 500 多吨。至今已累计收集处理餐厨垃圾 50 多万吨，提取餐厨废弃油脂近 3 万吨，全部加工制成了生物柴油。

此外，长沙还启动了餐厨垃圾收运处理全覆盖工作，集中收运处理范围逐步向 1.2 万余家小餐馆延伸。回收全覆盖工作全部到位后，预计全市餐厨垃圾日收运量将达到 600 多吨。

（8）武汉市

2011 年武汉约有餐饮企业已达 3.9 万家，其中各类餐饮企业日产生餐厨垃圾量约为 800～1000t，占全市生活垃圾总量的近 1/6，且这一数字在以每年 4% 的速度增长。

（9）厦门市

2010 年据厦门环卫科技网调查，厦门市的生活垃圾日产生量为 1500t。餐厨垃圾占全市生活垃圾总量的 30%～40%，日产量约 450～600t。

（10）吉林省

据 2012 年《吉林省生活垃圾焚烧处理设施建设规划（2013—2020 年）》，吉林省全省城市生活垃圾清运总量为 756 万吨，餐厨垃圾清运量为 203.73 万～271.6 万吨，比上年增长 18.1%。

（11）深圳市

2015 年深圳市厨余垃圾日产生量近 2000t，约占全市生活垃圾的 10%。

（12）贵阳市

2012 年贵阳市餐饮单位达 7400 余家，每天产生餐厨垃圾约 579t，人均 0.19kg/d（表 1-16）。到 2018 年为止，贵州餐厨垃圾废弃物资源化利用和无害化处理项目与辖区内 4000 余家餐饮单位已签订运收合同。

表 1-16　2012 年贵阳市及西宁市餐厨垃圾产生量

餐饮类型	大型饭店	中型饭店	小型饭店	食堂	日产量 /(t/d)	人数/人	人均餐厨垃圾产量 /(kg/d)
贵阳	224	122	65	101	579	304	0.19
西宁	257	144	80	100	355	120	0.3

(13) 西宁市

2012 年西宁市区内有餐饮单位 4000 余家，日产生餐厨废弃物约 355t，人均 0.3kg/d。

(14) 宁波市

宁波采用签约处理方式处理城区内所有餐厨垃圾，浙江日报 2011 年 8 月 25 日报道宁波市有 2400 多家餐厨垃圾产生单位签订了收运合同，签约率为 80%，城区餐饮企业每天产生餐厨垃圾达 300t 左右，其中近 240t 被统一收运和处理。

本 章 小 结

随着社会的进步与经济水平的不断提高，在城市生活垃圾清运量快速增加的同时，我国生活垃圾的成分在近 30 年发生了巨大变化，以餐厨垃圾和厨余垃圾为主的有机垃圾已成为生活垃圾的主要成分。其中，各个餐饮服务单位产生的餐厨垃圾由于具有产生集中、产生量大等特点，加之其具有的影响市容市貌、污染环境、对人类健康形成隐患等危害，已引起了全社会的广泛关注。

城市餐厨垃圾的产生量，与餐饮服务单位的营业规模、经营类型、就餐人数、服务对象等均有直接关系，按照不同口径计算得出的结果不尽相同，以城市人口为基数计算，单位人口每天产生 0.02~0.2kg 的餐厨垃圾，平均每人每天产生 0.08kg 餐厨垃圾。以餐饮服务单位就餐人口为基数计算，每人每天产生 0.10~0.54kg 餐厨垃圾，平均每人每天产生 0.36kg。若按照餐厅餐桌数量计算，每桌每天产生餐厨垃圾约 2~10kg，平均每桌每天产生 5.47kg。按照餐厅经营面积计算，平均为 0.35kg/(m^2·d)。

参 考 文 献

[1] 蒋平. 2018 年餐厨垃圾处理行业现状与发展趋势分析　市场缺口明显 [N]. 前瞻网, 2018-03-28.

[2] Silpa Kaza, Lisa Yao, Perinaz Bhada-Tata, Frank Van Woerden. What A Waste 2. 0 A Global Snapshot of Solid Waste Management to 2050 [M]. World Bank Group, 2018.

[3] Daniel H, Perinaz B. What A Waste A Global Review of Solid Waste Management [M]. World Bank Group, 2012.

[4] Advancing Sustainable MaterialsManagement：2014 Fact Sheet [M]. United States Environmental Protection Agency, 2014.

［5］　Toronto Long Term Solid Waste Management Strategy ［M］. City of Toronto and HDR，2017.

［6］　Prasad Modak，Agamuthu Pariatamby，Jeffrey Seadon. ASIA Waste Management Outlook ［M］. United Nations Environment Programme，2017.

［7］　国家统计局. 中国统计年鉴2016 ［M］. 北京：中国统计出版社，2016.

［8］　张丽，邢汝明，王桂琴. 北京市城六区餐厨垃圾产生量调查 ［J］. 环境卫生工程，2015，23（2）：12-14.

［9］　Liu Gengyuan，Hao Yan，Dong Liang，et al. An emergy-LCA analysis of municipal solid waste management ［J］. Resources，Conservation and Recycling，2017，120：131-143.

［10］　应玲，陈善平，张瑞娜，邰俊，袁文祥，陶倩倩，许碧君. 上海市餐厨垃圾产生量预测分析 ［J］. 环境卫生工程，2015，23（4）：4-7.

［11］　董晓丹，张玉林. 上海市生活垃圾理化特性调查分析 ［J］. 环境卫生工程，2016，24（6）：18-21.

［12］　陈群，张培进，杨丽丽，王素梅. 广东省某市餐饮垃圾现状调研及管理对策研究 ［J］. 环境卫生工程，2015，23（1）：17-20.

［13］　唐伟，郑思伟，何平，等. 杭州市城市生活垃圾处理主要温室气体及VOCs排放特征 ［J］. 环境科学研究，2018，31（11）：1883-1890.

［14］　王攀，任连海，甘筱. 城市餐厨垃圾产生现状调查及影响因素分析 ［J］. 环境科学与技术，2013，36（3）：181-185.

［15］　吴鑫矾. 长沙日均收运处理餐厨垃圾500多吨 ［N］. 长沙晚报，2017-06-06.

［16］　王攀，任连海，甘筱. 城市餐厨垃圾产生现状调查及影响因素分析 ［J］. 环境科学与技术，2013，36（3）：181-185.

［17］　陈醉. 宁波中心城区餐饮企业签约垃圾统一收运、处理 ［N］. 浙江日报，2011-08-25.

［18］　郑曼英. 广州市餐厨垃圾管理对策研究 ［J］. 环境卫生工程，2004，12（3）：178-179.

［19］　赵蔚蔚，闫永强. 沈阳市餐饮业餐厨垃圾性状及产生量的调查 ［J］. 环境卫生工程，2007，15（2）：10-11.

［20］　胡贵平，杨万，张广裕. 国内主要城市厨余垃圾处理进展 ［J］. 城市管理与科技，2006，8（6）：267-268.

［21］　张丹，张玲. 餐厨垃圾现状及处理技术研究 ［J］. 科技致富向导，2012，（12）：234.

［22］　张若羽. 餐厨垃圾现状及资源化技术 ［J］. 环境与生活，2014，（14）：116-117.

［23］　王丹阳，弓爱君，张振星，等. 北京市餐厨垃圾的处理现状及发展趋势 ［J］. 环境卫生工程，2010，18（1）：24-26.

［24］　吴修文，魏奎，沙莎，等. 国内外餐厨垃圾处理现状及发展趋势 ［J］. 农业装备与车辆工程，2011，（12）：49-52.

［25］　华云，王丽莉，张波. 我国餐厨垃圾处理现状及主要处理技术应用情况 ［J］. 城市管理与科技，2009，11（2）：60-63.

［26］　夏美林. 我国城市餐厨垃圾处理现状与对策研究 ［J］. 经营管理者，2012，（4X）：55.

［27］　叶建文，广东省东莞市环境保护局. 东莞市餐厨垃圾产生现状与处理对策探讨 ［J］. 化学工程与装备，2010，（7）：175-176.

［28］　宋立杰，毕珠洁，邰俊，等. 我国餐厨垃圾处理现状及对策 ［J］. 环境卫生工程，2014，22（2）：29-32.

［29］　黄枭，郗登宝. 国内餐厨垃圾处理现状及对策 ［J］. 农业工程技术·新能源产业，2013，（9）：3-6.

［30］　胡新军，张敏，余俊锋，等. 中国餐厨垃圾处理的现状、问题和对策 ［J］. 生态学报，2012，32（14）：4575-4584.

［31］　唐敏，刘娇娇，唐燕秋，等. 重庆市餐厨垃圾现状调查及处理对策研究 ［J］. 四川环境，2010，29（1）：136-139.

第2章

餐厨垃圾的特性分析
与处理利用

随着经济的不断发展和城镇人口的增加，餐厨垃圾的产量急剧增长，垃圾造成的环境污染问题也日益突出。餐厨垃圾较之其他垃圾，具有水分、有机物、油脂及盐分含量高，易腐烂，营养元素丰富等特点。由于高含水率，餐厨垃圾不能满足垃圾焚烧的发热量要求（不低于 5000kJ/kg），也不宜直接填埋，且焚烧和填埋会造成有机物的大量浪费。同时，由于餐厨垃圾所派生的"垃圾猪""潲水（泔水）油"等存在饮食安全的回收利用方式，污染物除小部分混入生活垃圾被填埋外，其余大量餐厨垃圾进入二级市场，对人体健康构成极大的潜在威胁。因此，分析餐厨垃圾的理化性质并依据其特性对餐厨垃圾进行处理利用的问题越来越引起全社会的关注，本章就针对餐厨垃圾的特性分析和处理利用做了详细介绍。

2.1 餐厨垃圾的特性与分析

由于我国饮食文化及生活习惯的不同，一日三餐及一年四季的餐厨垃圾在性质上均存在差异。餐厨垃圾的可降解潜力主要取决于它的几种主要有机物成分，即蛋白质、脂类、糖类等。每天产生的垃圾或早中晚三餐的成分并不相同，这直接影响到餐厨垃圾的处理及应用。因此，了解餐厨垃圾的基本特点及性质是非常必要且重要的。

2.1.1 餐厨垃圾的特性

（1）理化特性

餐厨垃圾是城市固体垃圾（municipal solid wastes，MSW）中有机垃圾的重要组成部分，其理化特点是高水分、高盐分和高有机质含量，并且油脂含量远远高于其他有机垃圾。餐厨垃圾的主要理化性质如下所示。

① 含水率很高，一般为70%～85%，使得垃圾一般呈较黏稠流体状；过高的含水量也导致餐厨垃圾热值较低。有研究数据表明我国餐厨垃圾的热值一般为8368～12552kJ/kg。高含水率也增加了餐厨垃圾清运的难度。

② pH值多呈酸性，由于餐厨垃圾极易腐烂酸化，因此放置一段时间的餐厨垃圾的pH值要低于新产生的垃圾。

③ 餐厨垃圾的干物质以有机物为主（80%～95%），有机物组分主要包括糖类、蛋白质、油脂和木质纤维素类物质等。其中糖类和蛋白质含量占干物质的60%以上，使餐厨垃圾极易被微生物利用而发生腐败；由于我国饮食习惯和烹调方法等原因，导致餐厨垃圾中油脂的含量很大（15%～30%），为非法提炼垃圾油提供了材料来源，也给餐厨垃圾资源化处理带来了难度。

④ 餐厨垃圾碳氮比（C/N）一般为10～30，这为其后续的生物处理提供了有利条件；营养元素较为丰富，特别是作为植物重要营养物的氮、磷、钾等含量较多；但是餐厨垃圾含盐量大，为2%～5%（以氯离子计），如果将其直接施入土壤可能会造成土壤盐渍化。

⑤ 相对其他垃圾成分简单，惰性物质和重金属等有害物质含量少。

（2）时空差异性

餐厨垃圾的组成成分具有明显的地域特性，如韩国的餐厨垃圾盐含量相对较高而不宜使用堆肥法来处理；中国早、中、晚三餐所产生的餐厨垃圾在理化性质上亦存在明显差异，早餐餐厨垃圾总固体量（total solid，TS）、挥发性固体量（volatile solid，VS）、VS/TS值和脂肪含量明显低于午餐和晚餐的餐厨垃圾，Na^+、Ca^{2+}和Cl^-含量，特别是Cl^-含量，显著高于后两者。

由于经济水平和生活习惯的不同，不同国家的餐厨垃圾性质具有差异性。我国不同地区与部分欧洲发达国家的餐厨垃圾性质特征对比见表2-1。

表2-1　我国不同地区和部分欧洲发达国家的餐厨垃圾性质特征对比

城市或国家	总固体TS（湿重）/%	挥发性固体VS（干重）/%	多糖（湿重）/%	蛋白质（湿重）/%	油脂（湿重）/%	C/N	含盐量（湿重）/%
北京	21.0	80.2	3.2	5.2	5.8		
青岛	17～25	90～95		4.9	6.3	9～10	0.5
南京	25.2	95.6	16.9	2.3	4.9		0.5
福州	16.5～26.7	88.3～95.5		2.9～4.7	2.2～6.7	14.3～22.7	0.6～2.3
杭州	17.5	80～85	12.7～18.8	1.8～3.2	3	26.8	
天水	11.43	91.76		2.4	4.9	11.9	1.3
重庆	18.8	93.1		3.9	5.4	16.6	
英国	25.5	92.3		4.9	3.5	16.3	
希腊	18.5	94.1	10.2	3.1	2.6		
葡萄牙	23.8	89.9			2.0		

由表 2-1 可知，我国不同地区与欧洲发达国家餐厨垃圾的 TS、VS、多糖和蛋白质含量范围为 15%～25%、80%～95%、5%～20%、2%～5%，没有显著区别。但我国餐厨垃圾油脂含量为 4.5%～7%，远大于欧洲国家的 2%～3.5%。

（3）危害性

餐厨垃圾有机质含量高，产量大，产地分散，极易腐败发酸发臭，滋生有害生物，若收集转运过程中发生泄漏则会污染空气、土壤及水源，严重干扰人们的正常生活，具有危害性。

中国大部分地区习惯上将餐厨垃圾作为廉价饲料直接饲喂畜禽。但是城市餐厨垃圾除了含有金属物、牙签及塑料等尖硬物体会伤及畜禽消化道外，还含有大量病原微生物、寄生虫及其虫卵，饲喂畜禽后易引起人畜共患疾病。一部分饭店、食堂等餐厨垃圾数量较大、较集中场所的餐厨垃圾多被郊区的饲养户收集，再经简单的加热处理后喂猪，极易为各种病原微生物及各种携带病原微生物的蝇虫提供适宜的生长繁殖环境。据相关部门分析检测发现，餐厨垃圾中含有沙门氏菌、金黄色葡萄球菌、结核杆菌等菌落，这些细菌都是具有强烈感染性的致病菌。高含量的细菌进入猪的肠道会破坏肠道微生物的菌群平衡，使猪引发各种肠道疾病。另外，餐厨垃圾腐败过程中会产生很多强烈刺激性气体，如硫化氢、氨等，对猪的呼吸道黏膜有强烈的刺激作用，容易引发猪呼吸道的各种疾病。此外，餐厅、家庭中大量的消毒液和洗涤灵等洗涤用品，其中含有铅、汞等重金属元素，餐厨垃圾中混有这些洗涤剂，长期喂猪后，重金属元素会在猪的体内大量残留。餐厨垃圾中还含有聚氯乙烯、聚苯乙烯、聚乙烯等不易分解吸收的化学物质，简单加热，根本起不到去毒的作用。用其饲养猪，不仅会造成猪食物中毒，还可能引起人类慢性中毒。因此，利用餐厨垃圾直接喂猪，可能对环境、动物、人体健康带来不利影响。此外，餐厨垃圾直接饲喂畜禽存在食物链危险：一是病原微生物所产生的生物毒素在畜禽体内富集，进而通过食物链转移到人体；二是餐厨垃圾含有大量所饲喂畜禽的同源性蛋白，存在重大安全隐患，如目前普遍认为疯牛病（牛海绵状脑病）大规模爆发的主要原因是牛食用了患有羊瘙症的羊肉骨粉，因此加拿大、美国、日本、韩国及欧盟等国已立法严禁使用反刍动物蛋白提炼动物饲料或者使用动物源性蛋白饲料喂养同种动物。中国农业部亦出台了《动物源性饲料产品安全卫生管理办法》，明文禁止使用动物源性饲料饲喂反刍动物。

（4）资源性

餐厨垃圾含有丰富的有机营养成分，经过合理处置后是制作动物饲料、有机肥料和生物能源的重要来源，是一种高价值的生物质资源，国内外对餐厨垃圾资源化处理技术的研究方兴未艾。传统能源不仅已经不能满足日益增长的需求，而且给环境带来了很大污染。因此，在现阶段开发出新的清洁可再生能源来取代常规化石能源，在人类发展与国家建设的道路上显得尤为重要。借鉴欧美发达国家经验，大力开展生物质能的开发利用工作已经成为解决我国能源危机的突破口。我国生物质来源丰富，全部用来作能源化利用，估计可产生相当于 7 亿吨/年的能量，因此，生物质能的开发与利用在我国具有更广泛的现实可行性。

中国每年产生的餐厨垃圾干物质含量相当于 500 万吨优质饲料，相当于 1000 万亩（1 亩＝666.67m²）耕地的能量产出。据统计显示，2017 年全国城镇餐饮业收入额约为 3.96 万亿元，如果按照一次餐饮活动的剩菜比例为 1/4～1/3 推算，我国餐饮业每年有将近万亿元的销售额变成了"垃圾"。随着近年来我国经济的快速发展，餐饮业零售额以每年 21% 的速度增长，餐厨垃圾也将如滚雪球般越滚越大。以北京、上海为例，北京城市垃圾中有机废物占 65%，其中餐厨垃圾占了接近 50% 的比重，上海市日均餐厨垃圾产生量约为 1000～1200t。据国家统计局公布显示：2016 年，全国餐厨垃圾产生量约 9700 万吨。根据《"十三五"全国城镇生活垃圾无害化处理设施建设规划》，"十三五"期间我国将新增餐厨处理能力 3.44 万吨/日，对应投资额 183.5 亿元。因此，选择或者开发合理的餐厨垃圾处理技术，对餐厨垃圾进行资源化处理具有重要意义。

2.1.2 餐厨垃圾的特性分析

对餐厨垃圾进行有效的处理利用，首先要分析测试其特性。餐厨垃圾特性的分析测试过程可分为采样、制样和分析三个环节。样品采集的代表性和分析的准确度会影响分析测试结果的可靠性，如果测试过程中所用的样品不能代表实际情况，即使采用非常精密的仪器并进行多次反复测试，也难以保证测试结果的准确性。所以，样品的采集与制备对于分析测试结果的可靠性是十分重要的。

2.1.2.1 采样

（1）采样的设备和工具

常用的采样设备和工具如表 2-2 所列。

表 2-2　主要采样设备和工具

设备和工具	说明
采样车	人与餐厨垃圾样品隔离
人工搅拌及取样工具	尖头钢锹、采样铲（采样器）、长柄推耙等工具
密闭容器	带盖采样桶或采样袋
辅助工具	剪刀、夹子、照明用具、胶带、标签、皮尺、计算器等

（2）采样方法

由于餐厨垃圾成分极其复杂，并且容易受到季节、城市地理环境等因素的影响，采样方法应该在保证样品具有代表性的前提下，依据具体情况进行选择，尽量减轻工作强度。

常见的餐厨垃圾采样方法是利用容器和运输车采样，适用于直接从餐厨垃圾收集桶或运输车采样。

① 容器采样。当把一个容器作为一个批量时，在容器中随机采两个样品；当把多个容器作为一个批量时，按表 2-3 确定最少容器数，并且在每个容器中随机采两个样品。

表 2-3　所需最少容器数

容器数	最少容器数
<10	5
10～25	10
25～50	20
50～100	30
>100	50

② 运输车采样。当车数少于该批餐厨垃圾规定的采样点数时，每车采样点数按公式(2-1)进行计算：

$$每车采样点数 = \frac{规定采样点数}{车数} \qquad (2-1)$$

当车数多于规定的采样点数时，按照表 2-3 选出最少采样车数，然后从所选车中各随机采集一个样品。采样点应均匀分布在车厢的对角线上，端点距车角应大于0.5m，表层去掉 30cm。

车厢内采样点布设可以采用对角线布点法，在对角线上至少 5 等分，以等分点为采样点，如图 2-1(a) 所示；或者梅花形布点法，中心分点设在两对角线相交处，一般设 5～10 个分点作为采样点，如图 2-1(b) 所示。

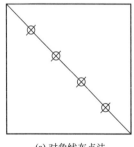
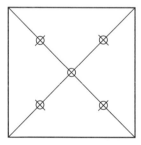

(a) 对角线布点法　　　　　　　　(b) 梅花形布点法

图 2-1　运输车采样点布设方法

(3) 采样记录

采样是对餐厨垃圾分析测试的整个过程的第一个环节，为了更好地分析餐厨垃圾的特性及其影响因素，需要准确地记录采样的全过程。

采样需要记录的内容有：实验项目名称及目的；采样地点、范围及周围的环境状况；采样时间和样品标记；采样人的姓名和单位；样品特点描述，如气味、颜色、均匀性等；样品来源、数量及采样量；天气状况；采样工具；其他说明。

2.1.2.2　样品制备

采集所得的餐厨垃圾，在进行特性分析之前需要先进行样品制备。样品制备指的是除杂、脱水、破碎、混合、缩分的全过程，制备所得样品被称为分析样品，用来进行餐厨垃圾的各组分分析。样品制备可以去除采集样本中的杂质和水分，使样品可以保存较长的时间，防止样品发霉、变质，同时通过进行样品的研磨、混匀，所得分析样品会更具代表性。

（1）样品制备设备和工具

样品制备的设备和工具主要有粉碎机、研磨仪、高压蒸汽灭菌锅、分析天平、小铲、十字样板、强力剪刀、样品瓶、烧杯、纱布、棉线、牛皮纸等。

（2）样品制备过程

① 将餐厨垃圾过滤掉多余水分，用粉碎机粉碎至粒径 5mm 以下，然后用四层纱布进行挤压滤水，至无流动水溢出时为止。

② 将上述所得物料用烘箱烘干（先于 80℃烘干 4h，之后于 105℃烘干 2h）后置于室温阴凉处风干，用研磨仪研磨至粉末状。

③ 将上述制备好的粉末状样品放在清洁、平整、不吸水的板面上，堆成圆锥体，用小铲将样品自圆锥顶端落下，使其均匀地沿锥尖散落，不能使圆锥中心错位。反复转堆，至少转三周，使其充分混匀，用十字样板自上压下，将锥体分成四等份。取任意两个对角的等份，重复上述操作数次，直到不少于 1kg 试样为止，将其保存在瓶中备用。

2.1.2.3　样品保存

将制备好的样品置于阴凉干燥处密封保存，餐厨垃圾易变质需要置于冰箱中冷冻保存。保存样品瓶上需贴有标签，注明样品的名称编号、采样地点、采样人、制样人、制样时间等信息。

2.1.2.4　样品分析测试

餐厨垃圾的性质主要包含物理性质（组分和粒径测定、容重、含水率、总固体、挥发性固体、灰分及黏度）、生物性质（粗脂肪、粗蛋白、粗纤维、碳水化合物、盐分及有机酸）、化学性质（总碳、有机碳、总氮、氨氮、化学需氧量、生化需氧量、钠离子、钙离子、硫酸根离子、磷和 pH 值）。社会经济条件、地区差异、季节变化、居民饮食习惯和生活习惯，都会影响餐厨垃圾的性质。垃圾的物理、生物、化学性质是处置设备设计和运行的重要参数，例如它们影响了生物气体产量和厌氧消化过程的稳定性，因此选择合适的餐厨垃圾处置方法，必须对餐厨垃圾的性质进行充分的了解。

（1）物理性质分析测试

餐厨垃圾是一种极其复杂的混合物，由水、多种有机物、矿物质组成，其物理性质随着垃圾组成物的性质、组成物所占比例的改变而变化。由于这些物理性质对处理设备的设计、处理工艺的确定等有重要影响，因此需要对餐厨垃圾的物理性质指标，如组分和粒径、容重、含水率和总固体、挥发性固体、灰分及黏度进行分析和检测。

① 组分和粒径的测定。用电子天平，分别对餐厨垃圾样本中塑料、竹木、纸类、金属、贝类、骨头、织物各组分的质量进行称量，记录数据，并根据公式(2-2)计算得到各组分占餐厨垃圾样本总质量的百分比。

同时将杂质挑出后的剩余部分即厨余部分，按照肉类、鱼类、蔬菜类、果皮类及谷类糊状物依次挑出并分别称重，按照公式(2-2)计算上述组分占厨余部分总质量的比例。

粒径测定：用直尺测定。

$$C_i = \frac{M_i}{M} \times 100\%$$ (2-2)

式中　C_i——湿基某组分含量，%；

　　M_i——某组分质量，g；

　　M——样本总质量，g。

② 容重的测定。容重是指单位容积的垃圾所占的质量。对餐厨垃圾而言，其容重是随着不同的垃圾组成、存储时间、存储状态、降解进程以及垃圾管理的不同环节而变化的。依据标准 CJ/T 313—2009，容重测定采用重量体积法。

初始容重：对原始状态下的垃圾通过质量与体积比来确定。

容重：对破碎后的物料通过质量与体积比来确定。按公式(2-3)计算：

$$\rho = \frac{m}{V}$$ (2-3)

式中　ρ——试样的容重，g/mL；

　　m——餐厨垃圾的质量，g；

　　V——餐厨垃圾所占的体积，mL。

③ 含水率 MC（moisture content）和总固体 TS（total solid）的测定。采用烘干法，依据标准 CJ/T 313—2009，用分析天平取一定量的样品置于蒸发皿中，置于电热鼓风恒温干燥箱内，在 (105±5)℃条件下烘 12h，置于干燥器中干燥 0.5h后称重，烘 1~2h，冷却 0.5h，直至两次称量之差小于总质量的 1/100，即认为质量基本恒定。

MC 和 TS 用质量分数表示，计算公式如下：

$$MC = \frac{m_2 - m_3}{m_2 - m_1} \times 100\%$$ (2-4)

$$TS = (1 - MC) \times 100\%\qquad(2-5)$$

式中　MC——样本的含水率，%；

　　　TS——样本的总固体含量，%；

　　　m_1——蒸发皿的质量，g；

　　　m_2——垃圾样本和蒸发皿的质量，g；

　　　m_3——烘干后样本和蒸发皿的质量，g。

④ 挥发性固体 VS（volatile solid）和灰分 A（ash）的测定。依据标准 CJ/T 313—2009，将干燥后的样本放入坩埚中，置于马弗炉内，在 600℃下灼烧 2h 后的灼减量即为挥发性固体 VS。

依据 CJ/T 313—2009，灰分是将干燥后的样本放入坩埚中，置于马弗炉内，在（815±10）℃下灼烧 3h 后冷却产生的灰渣量。

VS、A 含量计算公式分别如下：

$$VS\ 含量 = \frac{m_2 - m_3}{m_2 - m_1} \times 100\%\qquad(2-6)$$

$$A\ 含量 = \frac{m_3 - m_1}{m_2 - m_1} \times 100\%\qquad(2-7)$$

式中　VS 含量——垃圾的挥发性固体含量，%；

　　　A 含量——餐厨垃圾的灰分含量，%；

　　　m_1——坩埚的质量，g；

　　　m_2——灼烧前坩埚和试样的质量，g；

　　　m_3——灼烧后坩埚和试样的质量，g。

⑤ 黏度的测定。餐厨垃圾在处理处置和运输转移过程中，黏度的大小可直接影响关键设备的选型和工艺参数的确定。比如在厌氧消化过程中，输送、粉碎、分离等关键设备的选型都需要黏度参数。

采用 NDJ-5 型黏度计测定黏度。工作原理：程控电机根据程序给定的转速带动转轴稳定旋转，通过扭矩传感器再带动标准转子旋转。当转子在某种液体中旋转时，由于液体的黏滞性，转子就受到一个与黏度成正比的扭力，通过扭矩传感器测量这个扭力的大小，就可得到液体的黏度。由于餐厨垃圾是非牛顿流体，非牛顿流体的表观黏度随切向速度和时间变化而变化，故在不同的转子、转速和时间下测定，其结果也不一致。为了便于对比一年四季餐厨垃圾的黏度变化，测定时需要规定转子、转速和时间。

将准备好的餐厨垃圾浆体用玻璃棒充分搅拌至样品完全混合均匀，将样品装入 50mL 的离心管中，置于支架上，将黏度计的转子插入离心管的中央，注意不要碰到管壁和管底，调节转子和转速，使其测量值在测量范围内（20%～90%），待示数稳定后，记录数据。试验中选择的转子为 3 号转子，转速为 6r/min。

（2）生物性质分析测试

餐厨垃圾的生物性质包含粗脂肪、粗蛋白、粗纤维、粗碳水化合物、盐分及有机酸。餐厨垃圾的生物性质体现了餐厨垃圾的营养物质含量，为其处置工艺的选择提供基本依据。

① 粗脂肪的测定。粗脂肪采用索氏抽提方法测定，参照 GB 5009.6—2016《食品安全国家标准　食品中脂肪的测定》方法测定。

a. 将干燥样品充分研碎后，称取 5.0g，准确至 0.001g，置于滤纸筒（已称重）内。

b. 将滤纸筒封好后放入索氏提取器的提取筒内，滤纸筒的高度应低于虹吸管上端弯曲部位，连接已干燥至恒重的接收瓶。

c. 由抽提冷凝管上端加入石油醚至瓶内容积 2/3 处，水浴加热，石油醚开始回流后，调整水浴温度，使虹吸回流速度控制在 8～12 次/h，抽提 6～12h，取下接收瓶。

d. 回收石油醚至瓶内剩 1～2mL 时，在水浴上蒸干后干燥（105℃）40～60min，于干燥器中冷却 30min，称取提取瓶及内容物的质量，增加的质量即脂肪的质量。

试样中粗脂肪含量根据公式(2-8)计算：

$$X = \frac{W_1 - W_0}{W} \times 100\% \tag{2-8}$$

式中　X——干燥样本中粗脂肪含量（以质量分数计），%；

W_1——提取瓶的质量与脂肪的质量，g；

W_0——空提取瓶的质量，g；

W——干燥样本的质量，g。

② 粗蛋白测定。采用凯氏定氮法检测餐厨垃圾的蛋白质含量，参照 GB 5009.5—2010《食品安全国家标准　食品中蛋白质的测定》方法测定。

a. 消化。称取烘干后固体样品约 2g，移入干燥洁净的凯氏烧瓶中，加入硫酸铜 0.5g、硫酸钾 10g 和浓硫酸 20mL，玻璃珠两粒，轻轻摇匀后，安装好消化装置，在通风橱内的电炉上消化。

b. 蒸馏。取 50mL 锥形瓶 3 只，洗涤干净，用取样器各加入 2% 硼酸溶液 10.0mL，加入几滴指示剂，溶液显紫色，用表面皿盖好备用。如锥形瓶内液体呈绿色，需重新洗涤。安装好微量凯氏定氮仪，微量凯氏定氮仪实际上是一套蒸馏装置，注意保证每个夹子夹紧而不漏气，保证加样口的小漏斗口朝上并斜靠在定氮仪上。

c. 滴定。将微量滴定管先后用蒸馏水和 0.01mol/L 的 HCl 溶液润洗，用洗耳球将 0.01mol/L 的 HCl 溶液吸入微量滴定管中，滴定锥形瓶中的硼酸液至呈淡葡萄紫色。记录所耗 HCl 溶液体积。

试样中蛋白质的含量（X）以质量分数计，按公式(2-9)计算：

$$X = \frac{(V_1 - V_2) \times c \times 0.014}{m \times \dfrac{V_3}{100}} \times F \times 100\% \qquad (2-9)$$

式中　X——干燥样本中粗蛋白含量（以质量分数计），%；

　　　V_1——试液消耗 HCl 标准滴定液的体积，mL；

　　　V_2——试液空白消耗 HCl 标准滴定液溶液的体积，mL；

　　　V_3——吸收消化液的体积，mL；

　　　c——盐酸标准滴定溶液的浓度，mol/L；

　0.014——盐酸（$c_{HCl} = 1.000$mol/L）标准滴定溶液相当的氮的质量，g/mmol；

　　　m——试样的质量，g；

　　　F——氮换算为蛋白质的系数，一般食物为 6.25。

③ 粗纤维测定。粗纤维测定采用减重法，参照 GB/T 6434—2006《饲料中粗纤维的含量测定　过滤法》方法测定。样品用酸和碱消煮后所得的干燥残渣灰化所丢失的质量除以试样的质量，即得餐厨垃圾粗纤维含量。

a. 垂熔漏斗准备：取 G2 垂熔漏斗（内放一折叠滤纸），在 105℃烘箱中烘干后称重，重复操作直至恒重，称重记录。

b. 取 250mL 锥形瓶，称取 10.0～30.0g 烘干捣碎的样品（5.0g 干样品），加入 150mL 1.25% 的硫酸，尽快使其沸腾，保持沸腾状态 30min，并保持体积恒定。取下锥形瓶，立即用亚麻布过滤后，用沸水冲洗至洗液不呈酸性（以甲基红为指示剂，也可选精密 pH 试纸）。

c. 先加 75mL 煮沸的 1.25% 氢氧化钾溶液至原锥形瓶内，将亚麻布上的残留物先洗入烧杯，再倒入原锥形瓶内；加热微沸 30min 后，取下锥形瓶，立即以亚麻布过滤，用沸水洗涤至洗液不呈碱性（以酚酞为指示剂，变色范围是 pH 值 8.2～10.0 红色到无色，也可选精密 pH 试纸）。

d. 用水将亚麻布上的残留物洗入已干燥恒重、称量记录的 G2 垂熔漏斗（或同型号的垂熔坩埚）中，抽滤，用热水充分洗涤后，抽干。再依次用 50～100mL 的乙醇和乙醚各洗涤一次（乙醚省略）。将坩埚和内容物在 105℃烘箱中烘干后称重，重复操作，直至恒重，称重记录。

e. 如果样品中含有较多的不溶性（不溶于酸碱的）杂质，则可进一步用水将漏斗中的残留物洗入已干燥恒重的石棉坩埚过滤，烘干称量后，再移入 550℃高温炉中灰化，使含碳的物质全部灰化，置于干燥器内，冷却至室温，称重记录，所损失的量即为粗纤维量。

试样中粗纤维的含量（X）以质量分数计，按公式(2-10)计算：

$$X = \frac{m_2 - m_3}{m_1} \times 100\% \qquad (2-10)$$

式中　X——干燥样本中粗纤维含量（以质量分数计），%；

　　m_1——试样的质量，g；

　　m_2——在105℃下干燥后坩埚与试样的质量，g；

　　m_3——灼烧后坩埚与试样的质量，g。

④ 碳水化合物的测定。碳水化合物是由碳、氢和氧三种元素组成的，它所含的氢和氧的比例为2∶1。碳水化合物含量采用差减法，按公式(2-11)计算得到。

$$X=\frac{VS}{TS}-(X_{粗脂肪}+X_{粗蛋白}+X_{粗纤维}) \qquad (2-11)$$

式中　X——干燥样本中碳水化合物含量（以质量分数计），%；

　　VS——试样中挥发性固体含量，%；

　　TS——试样总固体含量，%；

　$X_{粗脂肪}$——干燥样本中粗脂肪含量（以质量分数计），%；

　$X_{粗蛋白}$——干燥样本中粗蛋白含量（以质量分数计），%；

　$X_{粗纤维}$——干燥样本中粗纤维含量（以质量分数计），%。

⑤ 盐分测定。盐分的测定采用滴定法，参照GB 5009.44—2016《食品安全国家标准　食品中氯化物的测定》方法测定。样品经处理后，以铬酸钾为指示剂，用硝酸银标准溶液为滴定液滴定试液中的氯化钠，根据滴定液的消耗量，可计算出样品中氯化钠的含量。

a. 样品干燥处理。

b. 试液的制备。取2g样液于250mL锥形瓶中，加水100mL加热煮沸，保持沸腾状态30min，并不断摇动，放冷至室温。将锥形瓶中的内容物全部转移到250mL容量瓶中，定容，摇匀，过滤获得滤液。

c. 取5mL滤液于250mL锥形瓶中，加水至100mL，以铬酸钾为指示剂，用0.1mol/L的硝酸银滴定至刚显砖红色为终点。做空白对照。

因此，试样中盐分含量按公式(2-12)计算：

$$X=\frac{0.05844c\times(V_1-V_2)\times K}{m}\times100\% \qquad (2-12)$$

式中　X——干燥样本中盐分含量（以质量分数计），%；

　0.05844——与1mL的1mol/L硝酸银标准滴定溶液相当的氯化钠量，g；

　　c——硝酸银标准滴定溶液的浓度，mol/L；

　　V_1——滴定试液时消耗硝酸银标准滴定溶液的体积值，mL；

　　V_2——空白试验消耗硝酸银标准滴定溶液的体积值，mL；

　　K——稀释倍数；

　　m——试样的质量，g。

⑥ 有机酸的测定。有机酸的测定采用高效液相色谱法。具体操作步骤如下。

a. 流动相的配制。称取2.72g磷酸二氢钾，用蒸馏水溶解并定容至500mL，磷酸调节 pH 值至 2.30，用 0.45μm 合成纤维素酯膜进行真空超滤，用超声波脱气后备用。

b. 色谱条件。流动相为 0.015mol/L 磷酸二氢钾缓冲溶液和乙腈溶液（体积比为 98∶2），流速 0.8mL/min，进样量 7.5μL，室温条件下进行等度洗脱，紫外检测波长 210nm。

c. 标准曲线的绘制。准确量取 0.96mL 乙酸、1.02mL 丙酸、1.04mL 正丁酸，分别放入 50mL 容量瓶中，用蒸馏水溶解并定容至 50mL，配成浓度为 20g/L 的有机酸标样储备液。然后取一定量的储备液，分别配制成质量浓度为 0.05g/L、0.1g/L、0.5g/L、1.0g/L 和 1.5g/L 的系列有机酸标准溶液，然后浓度由低至高进行测定，以峰面积和浓度作图，得到标准曲线回归方程。

d. 样品预处理。准确称取匀浆样品 5.00g，加入 20mL 蒸馏水，于 75℃水浴中提取 15min，以 20000r/min 转速离心 20min，上清液过 0.45μm 滤膜后进行液相色谱测定。

（3）化学性质分析测试

餐厨垃圾的化学性质包含总碳、总氮、化学需氧量、生化需氧量、金属离子等。测试这些指标时首先对样本进行处理，用分析天平取一定量的样品，加入少量超纯水，用玻璃棒搅拌至溶解，最后用容量瓶定容至 100mL，制成储备液，进行相关指标的测试，并且置于 4℃冰箱中保存。

① 总碳（total carbon，TC）和有机碳（total organic carbon，TOC）的测定。总碳和有机碳采用岛津 TOC-V$_{CPH}$ 非分散红外吸收 TOC 分析仪测定。其原理为燃烧氧化——非分散红外吸收法。测试时，将试样连同净化气体导入高温燃烧管和低温反应管中，经高温燃烧管的试样被高温催化氧化，其中的有机碳和无机碳均转化为二氧化碳，经低温反应管的试样被酸化后，其中的无机碳分解成二氧化碳，两种反应管中生成的二氧化碳分别被导入非分散红外检测器。在特定波长下，一定质量浓度范围内二氧化碳的红外线吸收强度与其质量浓度成正比，由此可对试样的总碳和无机碳（inorganic carbon，IC）进行测量，则 TOC 采用公式(2-13)计算得到：

$$TOC = TC - IC \tag{2-13}$$

具体操作步骤如下：

a. 取 50mL 储备液，加入 250mL 容量瓶内，用超纯水定容至 250mL，混匀。

b. 调试仪器，用注射器分别准确吸取混匀的水样，插入 0.45μm 的滤膜过滤，将滤液收集到自动进样器中，并插入总碳燃烧管和无机碳反应管，测定记录仪上出现的相应的吸收峰的峰高或峰面积，进行空白试验对照。

c. 绘制校正曲线，由校正曲线查得或由校正曲线回归方程计算得到 TC 和 IC，由此按照公式(2-13)得到 TOC 值。

② 总氮（total nitrogen）的测定。根据《水质 总氮的测定 碱性过硫酸钾消解紫外分光光度法》（HJ 636—2012）标准，采用碱性过硫酸钾氧化-紫外分光光度法

测定餐厨垃圾总氮指标。其基本原理：在 $120 \sim 124℃$ 的碱性基质条件下，用过硫酸钾作氧化剂，不仅可将水样中氨氮和亚硝酸盐氮氧化为硝酸盐，同时将水样中大部分有机氮化合物氧化为硝酸盐。而后，用紫外分光光度法分别于波长 220nm 与 275nm 下测定其吸光度，按下式计算硝酸盐氮的吸光度，$A = A_{220} - 2A_{275}$，从而算出总氮含量，其摩尔吸光度系数为 1.47×10^3。

a. 取 50mL 储备液，加入 100mL 容量瓶内，用超纯水定容至 100mL，混合均匀。然后取一定量的上述溶液，加入 25mL 的比色管中，用超纯水稀释到 10mL。

b. 分别吸取 0.0mL、0.10mL、0.30mL、0.50mL、0.70mL、1.00mL、7.00mL、10.00mL 硝酸盐标准使用溶液于 25mL 比色管中，用超纯水稀释至 10.00mL。

c. 加 5mL 碱性过硫酸钾，塞紧盖子，用纱布和皮筋扎紧，放在大烧杯中置于高压蒸汽消毒器中加热，待压力达到 $1.1 \mathrm{kgf/cm^2}$，相应温度为 120℃ 时，保持 30min 后停止加热。待压力表指针降至零后，取出冷却至室温。

d. 加入 1mL 1+9 盐酸溶液混匀，用超纯水稀释至 25mL 混匀。使用光程为 10mm 的比色皿，在 220nm 和 275nm 波长下，用超纯水作参比，测定吸光度。用校正的吸光度绘制标准曲线，查得相应的总氮的含量。

③ 氨氮的测定。参照《水质 氨氮的测定 纳氏试剂分光光度法》（HJ 535—2009）标准，餐厨垃圾氨氮指标采用纳氏试剂分光光度法测定。其基本原理以游离态的氨或铵离子等形式存在的氨氮与纳氏试剂反应生成黄棕色络合物，该络合物颜色的深浅与氨氮含量成正比，于波长 420nm 处测量吸光度。具体操作步骤如下。

a. 取 50mL 储备液，加入 100mL 容量瓶内，用超纯水定容至 100mL，混匀。然后从中取出一定量的溶液，用抽滤机和 $0.45 \mu \mathrm{m}$ 的滤膜进行过滤，取一定体积的滤液，用超纯水稀释到 50mL。

b. 标准曲线的绘制。在 8 个 50mL 比色管中，分别加入 0.00mL、0.50mL、1.00mL、2.00mL、4.00mL、6.00mL、8.00mL、10.00mL 氨氮标准工作溶液，加超纯水至标线。加入 1.0mL 酒石酸钾钠溶液，摇匀，再加入 1.5mL 纳氏试剂，摇匀。放置 10min 后在波长 420nm 下，用 10mm 比色皿，以超纯水作参比，测量吸光度。以空白校正后的吸光度为纵坐标、以其对应的氨氮浓度为横坐标，绘制标准曲线。从标线中查得氨氮浓度，计算出餐厨垃圾中氨氮的含量。

④ 化学需氧量 COD（chemical oxygen demand）的测定。采用哈希快速测定仪测定餐厨垃圾的 COD 含量。其基本原理为：样品、重铬酸钾、硫酸银溶液（催化剂使直链脂肪族化合物氧化更充分）和浓硫酸的混合液在消解池中被加热到 175℃，在此期间铬离子作为氧化剂从Ⅵ价被还原为Ⅲ价而改变了颜色，颜色的改变度与样品中有机化合物的含量成对应关系，仪器通过比色换算直接将样品的 COD 显示出来。

具体操作步骤如下：

a. 取 50mL 储备液，加入 250mL 容量瓶内，用超纯水定容至 250mL，混匀。

b. 从第一步制备的溶液中取 2mL 加入 COD 消解反应瓶试剂中，空白对照样加 2mL 超纯水。

c. 将制备好的 COD 消解反应瓶，晃动几次以便混合均匀，放入哈希快速测定仪中，在 150℃ 条件下消解 2h。

d. 冷却至室温，用空白对照样调零，记录数据。

⑤ 生化需氧量 BOD（biochemical oxygen demand）的测定。BOD 是指在一定期间内，微生物分解一定体积水中的某些可被氧化物质（特别是有机物质）所消耗的溶解氧的数量，是反映水中有机污染物含量的一个综合指标，若生物氧化的时间为五天就称为五日生化需氧量（BOD_5）。采用哈希 BOD_5 测定仪对餐厨垃圾 BOD_5 进行测定。分析仪模拟了自然界有机物的生物降解过程，测试瓶上方空气中的氧气不断补充水中消耗的溶解氧，被微生物消耗，有机物降解过程中产生的 CO_2 被密封盖中的氢氧化锂吸收，使密闭系统的压力降低，压力传感器随时监测测试瓶中氧气压力的变化，在生化需氧量 BOD（即对应于测试瓶中消耗的氧气量）与气体压力之间建立相关性，进而在屏幕上直接显示出生化需氧量 BOD 值。

a. 取 50mL 储备液，加入 250mL 容量瓶内，用超纯水定容至 250mL，混匀。

b. 向测试瓶中加入 146mL 上述溶液，加入 3 滴掩蔽剂和转子，盖上塑料橡胶套，加入碱片，盖上盖子，同时按下 S 和 M 键。待显示为 00 后，放入培养箱内，温度设定为 20℃，培养 5 天。

c. 5 天后，读取数据。

d. 计算样品的 BOD_5 值。

⑥ P 的测定。参照《水质 总磷的测定 钼酸铵分光光度法》（GB 11893—1989），餐厨垃圾中 P 的测定采用钼酸铵分光光度法，其原理为：水中的含磷化合物，在过硫酸钾的作用下，转变为正磷酸盐，正磷酸盐在酸性介质中，可同钼酸铵和酒石酸氧锑钾反应，生成磷钼杂多酸；磷钼酸能被抗坏血酸还原，生成深色的磷钼蓝。

a. 从储备液中取 50mL，加入 100mL 容量瓶内，用超纯水定容至 100mL，混匀。然后取一定量的溶液，加入 50mL 的比色管中，用超纯水稀释到 25mL。

b. 标准曲线的绘制。分别吸取磷酸盐标准使用液 0.00mL、0.50mL、1.00mL、3.00mL、5.00mL、10.00mL、15.00mL 于 50mL 比色管中，加超纯水至 50mL。分别向各支比色管中加入 1mL 10% 抗坏血酸溶液，混合均匀，30s 后加入 2mL 钼酸盐溶液充分混匀，放置 15min 后，使用光程为 10mm 的比色皿，在 700nm 波长下，以超纯水作参比，测定吸光度。用校正的吸光度绘制标准曲线，查得相应的总磷的含量。

⑦ Na^+、Ca^{2+} 和 SO_4^{2-} 的测定。采用微波消解及原子吸收的方法测定 Na^+ 和 Ca^{2+}。取 0.2g 风干样品放入消化罐，加入浓硝酸 5mL、浓盐酸 3mL、氢氟酸

2mL 后在微波消解仪中反应，反应完成后，冷却并转入 50mL 容量瓶中定容，用原子吸收光谱仪测定 Na^+ 和 Ca^{2+} 含量。

SO_4^{2-} 采用离子色谱法测定。色谱条件：淋洗液流速为 2.5mL/min；样品分析时间为 15min；进样量为 $100\mu L$。操作步骤如下：

a. 取 50mL 储备液，加入 250mL 容量瓶内，用超纯水定容至 250mL，混匀。然后用注射器从中取一定量的水样，插入 $0.45\mu m$ 的滤膜，过滤，将滤液收集到 50mL 容量瓶内。

b. 用离子色谱的进样针吸取 $100\mu L$ 的样品，注入离子色谱中进行测定。

c. 记录数据并计算其含量。

⑧ pH 值的测定。用玻璃棒将待测样本充分搅拌至均匀混合，采用 Sartorius Professional Meter PP-20 型 pH 计，将 pH 计的探头伸入样品，待仪器显示屏中出现 S 后，读数并记录数据。

餐厨垃圾性质指标与分析方法如表 2-4 所列。

表 2-4 餐厨垃圾性质指标与分析方法

序号	性质指标	分析方法
1	有机质	灼烧法(CJ/T 96)
2	总铬	二苯碳酰二肼比色法(CJ/T 96)
3	全钾	火焰光度法(CJ/T 96)
4	汞	冷原子吸收分光光度法(CJ/T 96)
5	镉	原子吸收分光光度法(CJ/T 96)
6	铅	原子吸收分光光度法(CJ/T 96)
7	砷	二乙基二硫代氨基甲酸银分光光度法(CJ/T 96)

2.2 餐厨垃圾的处理利用

2.2.1 餐厨垃圾的处理利用现状

目前，餐厨垃圾处理工艺主要有填埋、焚烧、厌氧消化、好氧堆肥、好氧生物处理技术、直接烘干作饲料、湿解和微生物处理技术等几种。国内有许多城市实施了餐厨垃圾的集中资源化处理利用，主要技术有加工制取饲料、堆肥处理制有机肥，取得了不错的效果。堆肥处理相对技术要求较低，简单易行，成本较低，由于产品缺乏市场，故综合效益较差；而制取饲料技术要求较高、成本较高，相对于堆肥处理利润较高，因而具有市场化运作的动力。

国家发改委印发《战略性新兴产业重点产品和服务指导目录》（2016 版），将"餐厨废弃物资源化无害化利用"的相关装备和技术研发，列入"资源循环利用产业"分项之一。北京、上海、宁波等地也相继出台了《餐厨垃圾的处理管理办法》，对餐厨垃圾进行严格管理，并积极探索多元化处理和资源化利用的途径，为解决餐厨垃圾的管理和综合处理提供了宝贵经验。

2.2.2 餐厨垃圾的处理技术

目前国内外餐厨垃圾处理技术，按照处理媒介可以分为非生物处理和生物处理技术两大类。非生物处理技术主要是指传统垃圾处理方式，如焚烧、填埋，此外还有新兴的脱水饲料化、真空油炸饲料化、机械破碎等；而生物处理技术主要包括厌氧消化及好氧堆肥等。

(1) 焚烧

焚烧法是将垃圾放在特制焚烧炉中用 1000℃ 以上高温将垃圾有机成分彻底氧化分解，可将固体减量 $50\% \sim 80\%$，焚烧产生的能量可以用来发电、供暖等，剩下的灰分含有大量重金属及有毒物质，一般在高温下加入 SiO_2 等辅料做烧结或玻璃化处理，或生产水泥、瓷砖等建筑材料。

深圳宝安垃圾焚烧厂是全国最大的垃圾焚烧厂。垃圾焚烧厂排放物主要有炉渣、飞灰、垃圾渗沥液和烟气（含一氧化碳、二氧化硫）。为了有效地实现深圳市生活垃圾的无害化、减量化、资源化的处理目标，垃圾焚烧厂除尘系统做了很大投入，以达到减少废气排放的目的。同时，除尘系统需要监测结果准确并且性能可靠的烟气监测系统来帮助其优化控制过程，降低运行成本。深圳龙岗垃圾焚烧厂使用的是 YX-CEMS（烟气连续监测系统）作为焚烧厂烟气监测系统。

除了传统的燃料（如煤炭）辅助燃烧法，近年来出现了一种将生活垃圾和餐厨垃圾协同处理的焚烧技术。餐厨垃圾通过预处理环节会产生固态残渣、污水以及油脂。固态残渣主要成分包括塑料、有机残渣等，含水率 $60\% \sim 80\%$，可直接送至生活垃圾焚烧项目的垃圾池内储存，与生活垃圾一起通过垃圾抓斗进入焚烧炉内焚烧处理。由于固态残渣的量少，与生活垃圾焚烧处理量相比占比较低，因此掺杂了餐厨垃圾的固态残渣后，对于生活垃圾焚烧炉而言，焚烧工况也不会发生大的改变。

山东省莱芜市餐厨垃圾处理项目规模为 100t/d，处理工艺采用"进料＋破碎分选＋离心压滤＋油水分离"。预处理系统包括：卸料进料单元、分选破碎单元、油水分离单元。餐厨垃圾预处理产生固态残渣 28.5t/d，送至环保静脉产业园焚烧项目的垃圾池内，与生活垃圾一起焚烧处理；餐厨垃圾预处理生污水（包括冲洗污水）为 96t/d，送至环保静脉产业园渗沥液处理站内，与生活垃圾产生的渗沥液协同处理餐厨垃圾预处理产生油脂 3.5t/d，储存在油脂储罐内，进行外售。

(2) 卫生填埋

卫生填埋是将垃圾埋入地下，利用各类微生物将生物大分子充分降解为小分子的生化过程。为了防止填埋过程中产生的渗滤液污染土壤和地下水，填埋场需要建设相应的收集和处理系统。卫生填埋处理成本低，技术简单，适合各种垃圾，发展中国家应用较多。但是填埋法存在重大安全隐患，容易污染地下水，产生的甲烷等气体可能发生爆炸，同时资源回收利用率基本为零，占用大量土地，不适合用地紧张的地区。

(3) 破碎直排处理

破碎直排处理是在餐厨垃圾产生地对其进行粉碎处理，借助水力冲刷排入城市市政下水管网，与污水一起进入污水处理厂进行处理的方法。欧美地区主要用此方法来处理少量分散的餐厨垃圾。

破碎直排法对于少量分散餐厨垃圾的处理具有价格便宜、技术简便等优点，但其用水量大，增加了城市污水的产生量，增大了污水处理厂的处理负荷，餐厨垃圾易在市政下水管网中沉积，腐烂发臭，增加病菌的滋生，此方法不利于大规模餐厨垃圾的处理处置。事实上，为了保护污水处理系统，日本很多地方政府已禁止使用垃圾粉碎机。

(4) 厌氧消化

餐厨垃圾的厌氧消化是指在无氧条件下，利用兼性微生物及厌氧微生物的代谢作用将复杂有机物分解为小分子有机物及无机物，在此过程中实现对餐厨垃圾的减容减量及资源化利用。厌氧消化大多通过接种下水道污泥、牲畜粪便或其他来源富集到的菌种，也可利用餐厨垃圾本身滋生的微生物来发酵。而通过控制消化条件及消化程度，厌氧消化可根据需要生产多种产物，但研究主要集中在甲烷和氢气等能源物质的生产。此外，利用厌氧发酵可获得各种有机酸和醇，如乙醇、乙酸、丁酸、葡萄糖糖化酶、乳酸等。

厌氧消化通过微生物的降解实现餐厨垃圾减容减量和回收利用，自动化程度高，需要的人力少，容易控制恶臭散发，产品具有多样化、经济价值较高等优点。但是微生物对酸碱度要求高，处理技术相对复杂，反应器内生物量启动时间长；同时餐厨垃圾高油脂、高盐分会导致过度酸化及抑制菌体生长，不利于持续且稳定地降解餐厨垃圾；厌氧发酵产生的沼渣处理仍是一大难题，通常需干化处理后填埋，或重新堆肥后制成有机肥。

(5) 生态饲料

在日本，从餐厨垃圾加工得到的饲料被称为生态饲料。目前制备生态饲料的方法主要有：

① 青贮，即利用乳酸菌发酵；

② 脱水制备干饲料，如真空油炸法、煮沸干燥法、高温发酵干燥法、直接高温干燥法；

③ 发酵后以流体形式饲喂畜禽；

④ 通过厌氧或好氧发酵生产菌体蛋白。

国内相关企业主要利用餐厨垃圾来生产菌体蛋白，如 2008 年奥运村餐厨垃圾处理服务商北京嘉博文生物科技公司。餐厨垃圾饲料化具有潜在的食物链风险，在生产和使用生态饲料的时候需谨慎操作，并制定相应的行业标准与法律法规来保证其安全性。

（6）餐厨垃圾堆肥化

餐厨垃圾堆肥化也是一个微生物的转化过程，即利用微生物对餐厨垃圾中的有机质实现降解的过程，最终生成稳定的富含腐殖质的有机肥料。从养分分析，餐厨垃圾含有较高的有机质、低碳氮比，是一种极易降解腐熟的物料。但餐厨垃圾堆肥也受到物料自身特性的影响，体现为含水率高、容重高、盐分高（即"三高"）的特点。基于"三高"特点，科学家们对餐厨垃圾堆肥工艺进行了许多有针对性的优化研究。

调理剂及物料配比方面，邹德勋等分别使用玉米秸秆与菌糠作为餐厨垃圾的堆肥调理剂，进行堆肥 1 次发酵对比试验，研究表明，菌糠是一种优于玉米秸秆的良好调理剂，餐厨垃圾与菌糠混合堆肥时升温速度快、高温期持续时间长，混合堆料在堆肥过程中散发臭气较少，1 次堆肥处理后发芽指数较高（55.6％），基本实现腐熟。谢炜平等利用自制好氧消化反应装置对 3 组不同初始含水率的物料进行了小规模模拟试验，试验表明，物料配比 $m_{餐厨垃圾} : m_{锯末粉} = 3 : 1$（即含水率约为 55％）时为最佳值，最佳条件下，物料水溶性 C/N 最终可降至 7.19，接近腐熟程度，而且最终含水率均可降至 25％左右。

通风量方面，孟潇等探讨了通风量对餐厨垃圾好氧堆肥的影响，研究表明，通风量对堆料温度和含水率的影响比较明显，堆肥初期以 2L/min、高温阶段后以 4L/min 为适宜通风量。

综合因素方面，任连海等选用 3 组卧式反应器进行了 4 因素 3 水平完全和正交堆肥试验，研究表明，环境温度、通风量、初始含水率和填料量等不同影响因素对餐厨垃圾好氧堆肥过程均具有显著影响，其显著性顺序表现为含水率＞环境温度＞填料量＞通风量。

此外，在除盐分方面，梁彦杰等利用水洗方式对餐厨垃圾进行堆肥预处理研究。试验表明，除盐最佳工艺条件为温度 25℃，搅拌时间 10min。$m_{水}/m_{餐厨垃圾} = 2$，餐厨垃圾堆肥含盐率可由 (1.8 ± 0.02)％降至 (0.57 ± 0.05)％；离心脱水最佳工艺条件为脱水时间 6min，离心速度 4000r/min，餐厨垃圾含水率由 95.10％降至 72.86％。以上证明了餐厨垃圾水洗去油脱盐可行，但也存在产生大量废水的不足。

餐厨垃圾堆肥技术发展到现在已经较为成熟，但由于油分、盐分及其他杂质成分在餐厨垃圾堆肥产品中的残留，导致堆肥产品的利用价值降低，对作物甚至土壤存在不同程度的负面影响，从而也间接影响到堆肥产品的出路。因此，如何提高餐厨垃圾堆肥品质，如何培育堆肥产品绿色利用市场，以及明确产品消化途径和消化主体是当前迫切需要解决的问题。然而，结合当前技术和管理发展趋势，笔者认为技术上应该能够做到逐步提高餐厨垃圾堆肥产品的质量，至于产品的出路，在前期阶段还是应依赖政府的推动甚至需要财政的补贴，到后期逐步实现各方利益的平衡，形成一个健康的绿色产品市场。

（7）好氧堆肥

好氧发酵堆肥的物料来源于生活垃圾和餐厨垃圾中的有机成分，生活垃圾和餐厨垃圾需要经过预处理后，提取有机物料进行堆肥。堆肥化就是在人工控制下，在一定的水分、碳氮比和通风条件下通过微生物的发酵作用，将有机物转变为肥料的过程。在这种堆肥化过程中，有机物由不稳定状态转化为稳定的腐殖质物质，对环境尤其土壤环境不构成危害，而把堆肥化的产物称为营养土。通气条件下使用好氧性微生物的叫作"好氧堆肥"。反应温度一般 50～60℃，极限可达 80～90℃，故亦称为"高温堆肥"。垃圾好氧堆肥是在大量微生物作用下，使垃圾发生生物转化和氧化分解的过程。好氧化分解后，除 CO_2 和水外，主要是硝酸盐、硫酸盐及其他氧化终产物；化学性质稳定，不再进行生化分解；氧化分解过程很快，条件适当几天内就可进行完毕。稳定性终产物也没有异味，符合卫生条件。餐厨垃圾单独进行前处理，经过筛分、磁选、压榨提取资源化物质，如塑料、油脂等，水分集中收集处理，剩余物料进入堆肥系统。生活、餐厨垃圾经过预处理，混合后，进入发酵制肥系统，要经过一级、二级发酵，周期约为 30d。待物料细碎变形，质量和体积变小后，再通过筛分，残渣外运填埋，剩余物料储藏堆放 10d，最终变成营养土。日处理能力 400t 的北京市高安屯餐厨垃圾资源化处理厂作为我国较大的餐厨垃圾处理厂，通过将餐厨垃圾经长时间的高温好氧发酵后，再添加益生菌，制成生物有机肥，供市郊的农户使用；上海浦东新区有机垃圾综合处理厂生产好氧堆肥，处理量达 100t/d；合肥市与台湾阜利生物科技公司合作，采用微生物高温好氧发酵技术处理工艺，将餐厨垃圾变成液态或固态有机肥。

（8）蚯蚓堆肥

蚯蚓堆肥是指在好氧堆肥的基础上投入蚯蚓，利用蚯蚓自身丰富的酶系统，将餐厨垃圾有机质转化为自身或其他生物易于利用的营养物质，加速堆肥的稳定化过程。蚯蚓堆肥不仅可以降低重金属含量和碳氮比，提高堆肥肥效，同时繁殖出来的蚯蚓是一种高蛋白饲料、药用材料（中药地龙）和化妆品添加剂原料，蚯蚓粪便亦是高肥效生物肥，因此蚯蚓堆肥技术具有较高的环保效益和经济效益。但蚯蚓堆肥过程中，蚯蚓对其生长环境要求较高，需合适的温度、pH 值、湿度及通风程度，堆肥过程产生的甲烷和一些臭味气体亦不利于蚯蚓生存；蚯蚓的生活周期长且繁殖率较低，如赤子爱胜蚓 *Eisenia fetida*，从受精卵到成虫平均需要 4 个月，平均每条蚯蚓每个月的净繁殖率仅为 9 条。此外，在养殖蚯蚓前，需预堆肥（约 20d）来杀死病原菌和有害微生物，因此，蚯蚓堆肥的周期较长。

（9）厌氧消化产氢

随着化石燃料的日渐减少及其使用过程中对大气造成的严重污染，利用餐厨垃圾进行生物制氢，生产出清洁能源氢气，变废为宝，不但可以缓解化石燃料日益枯竭的问题，还可以有效解决餐厨垃圾带来的污染问题。餐厨垃圾成分复杂，含有较高的有机质、N、P、K及大量的微量元素，是较好的产氢原料。

Lay等研究脂肪类（鸡皮和肥肉）、淀粉类（土豆和米饭）、蛋白质类（瘦肉和鸡蛋）等不同组成成分的餐厨垃圾，在相同的条件下进行产氢发酵，结果显示脂肪类、蛋白质类餐厨垃圾的产氢能力仅是淀粉类垃圾产氢能力的1/20。不同种类的餐厨垃圾产氢条件及产氢潜力不同。

（10）厌氧消化产甲烷

沼气是以甲烷为主的混合气体，甲烷的体积分数一般为50%～70%，其余为CO_2和少量其他气体。甲烷能够被用作燃料，有较高的经济利用价值。餐厨垃圾厌氧消化是在密闭的厌氧发酵设备中，通过兼性和厌氧微生物的分解代谢作用将大分子的有机物转化为甲烷的过程。将餐厨垃圾通过厌氧发酵可以产生甲烷气体和沼液、沼渣，发酵环境密闭，不会对大气环境产生污染，是一种环境友好型的处理方式。

余益辉等研究了固相餐厨垃圾厌氧发酵产甲烷特性，结果表明，餐厨垃圾的产甲烷潜力为567.57mL/g TS。厌氧消化产沼气技术虽然可以产生大量的沼气能源，但工程前期的投入比较大，操作技术要求比较高。

2.2.3 餐厨垃圾的处理利用建议与发展前景

餐厨垃圾处理方法各有特点，也各有短板，如何扬长避短从而发挥技术的优势是今后推进技术发展与应用的关键。

未来发展需要解决包括源头减量和纯化、副产品出路、技术进一步完善和集成等重要问题。那么，解决这些问题的总体措施就需要从宣传着手，告别不良饮食习惯，持续灌输餐厨垃圾源头细分类的方法；提倡采用多元的处理工艺和模式，把餐厨垃圾加工成附加值高的不同副产品，实现餐厨垃圾多样化处理，同时，也减少了副产品的市场风险。在技术层面，应在前期研究的基础上，以改良传统工艺为主，结合我国实际，加强厌氧制沼气和好氧堆肥技术（包括菌种的分离和驯化、菌种活性、效率、稳定性和抗逆性的提高等方面）的基础研究，继续加大对餐厨垃圾大型沼气和堆肥工程方面的研发力度，加强与国内外同行专家的交流及合作，研发一批低成本、低运行费、安全可靠、自动化水平高、具有自主知识产权的餐厨垃圾处理工艺及成套设备。

餐厨垃圾作为资源性废弃物，不同处理方式均有利弊。在资源日趋紧张的今天，如何资源化利用是其发展的方向，填埋、焚烧等破坏资源的处理方式必将终结。倡导节约，减少餐厨垃圾的产生量；垃圾分类收集，因地制宜，多元化处理；政策支持，鼓励资源化处理餐厨垃圾企业的快速发展，从而达到经济效益、社会效益和生态效益的统一。

餐厨垃圾处理处置可采用生物转化技术，利用餐厨垃圾生产有机肥和生物肥料；采用源头减量化的微生物处理技术，把餐厨垃圾分解成二氧化碳、水和极少量的有机残余物；采用生化技术，利用废油脂生产工业原料油脂及深加工产品；采用高温杀菌干燥深加工，制成饲料和有机肥料等，采取不同的先进有效的处理处置技术，实现餐厨垃圾的资源化回收利用。

随着人们生活水平的不断提高，人们对于环境卫生和食品安全越来越重视，对餐厨垃圾的安全卫生处理越来越迫切，全国各大中城市把餐厨垃圾处理都已提上议事日程。一个拥有100万人口的城市，按照人均日产生餐厨垃圾0.02～0.2kg计算，日产餐厨垃圾约20～200t。据统计，中国市区人口100万以上的城市125余个，其中200万以上大城市50余个，400万以上人口的特大城市10余个。全国100万人口以上的大城市日产生活垃圾总量达2万吨以上，装机200MW以上，总投资100亿以上。因此，面对如此众多的餐厨垃圾环境隐患，餐厨垃圾的处理项目市场前景非常广阔。

本 章 小 结

随着我国国民经济的持续增长、城市化进程的不断加快和人民生活水平的迅速提高，城市餐饮业日益繁荣，加之人们聚餐的习惯和不良的饮食风气，我国城市餐厨垃圾的产量越来越大，因餐厨垃圾造成的环境污染问题也越来越严峻。而餐厨垃圾的水分、有机物和营养元素含量高，资源利用价值大，具有鲜明的资源和废物的双重特性，因此，分析了解餐厨垃圾特性，并针对其特性选择合适的处理利用方式对我国环境保护和可持续发展有着重大意义。我国餐厨垃圾的处理工艺已日渐成熟，政府也相应颁布了一系列有关餐厨垃圾处置的法律法规，这将推动餐厨垃圾的资源化利用，实现餐厨垃圾的无害化处理。

参 考 文 献

[1] 易龙生，饶玲华，王鑫，等.餐厨垃圾理化性质及其厌氧发酵产气潜力分析 [J].中南大学学报：自然科学版，2012，43（4）：1584-1588.

[2] 吴修文，魏奎，沙莎，等.国内外餐厨垃圾处理现状及发展趋势 [J].农业装备与车辆工程，2011，（12）：49-52.

[3] Lee Y W, Chung J. Bioproduction of hydrogen from food waste by pilot-scale combined hydrogen /methane fermentation [J]. International Journal of Hydrogen Energy, 2010, 35（21）：11746-11755.

[4] Li R P, Ge Y J, Wang K S, Li X J, Pang Y Z. Characteristics and anaerobic digestion performances of kitchen wastes [J]. Renewable Energy Resources, 2010, 28（1）：76-80.

[5] 李成立.青岛市餐厨垃圾调查及高温厌氧消化实验研究 [D].青岛：青岛理工大学，2012.

[6] 苏玉萍，游雪静，詹旋灿，等. 福州市餐厨垃圾主要成分与资源化利用可行性分析 [J]. 福建师范大学学报：自然科学版，2014（1）：58-64.

[7] 徐栋. 泔脚垃圾特性调查及其厌氧发酵的优化研究 [D]. 杭州：浙江工商大学，2011.

[8] 闵海华. 杭州市餐厨垃圾处理处置中试项目研究 [R]. 天津：中国市政工程华北设计研究总院有限公司，2014.

[9] 李小凤. 油脂对餐厨垃圾厌氧消化抑制效应的试验研究 [D]. 重庆：重庆大学，2010.

[10] Thorneloe S A，Reisdorph A，Laur M，et al. The U. S. Environ mental Protection Agency's landfill gas emissions model（Land GEM）[C]. 6th International Landfill Symposium，Cagliari，Sardinia，Italy，1999.

[11] Vavouraki A I，Volioti V，Kornaros M E. Optimization of thermo-chemical pretreatment and enzymatic hydrolysis of kitchen wastes [J]. Waste Manage，2014，34（1）：167-173.

[12] 李来庆. 餐厨垃圾资源化技术及设备 [M]. 北京：化学工业出版社，2013.

[13] 崔文谦. 餐厨垃圾特性分析体系建立及处置适应性研究 [D]. 天津：天津大学，2014.

[14] 林宋. 餐厨垃圾处理关键技术与设备 [M]. 北京：机械工业出版社，2013.

[15] GB 5009.5 食品中蛋白质的测定 [S].

[16] 徐栋，沈东升，冯华军，等. 南方城市餐饮业垃圾特性调查及处理对策分析 [J]. 环境科学，2011，32（7）：2164-2168.

[17] GB/T 12457 食品中氯化钠的测定 [S].

[18] HJ 636 水质 总氮的测定 碱性过硫酸钾消解紫外分光光度法 [S].

[19] HJ 535 水质 氨氮的测定 纳氏试剂分光光度法 [S].

[20] GB 11893 水质 总磷的测定 钼酸铵分光光度法 [S].

[21] 许晓杰，冯向鹏，李冀闽，等. 国内外餐厨垃圾处理现状及技术 [J]. 环境卫生工程，2014，22（3）：31-33.

[22] 熊亭. 餐厨垃圾处理现状及主要处理技术分析 [J]. 绿色科技，2016，（16）：32-34.

[23] 胡新军，张敏，余俊锋，等. 中国餐厨垃圾处理的现状、问题和对策 [J]. 生态学报，2012，32（14）：4575-4584.

[24] 李湘洲. 发达国家餐厨垃圾回收利用经验及借鉴 [J]. 再生资源与循环经济，2012，5（8）：40-44.

[25] 王开亮. 餐厨垃圾的国内外处理现状研究 [J]. 城市建设理论研究电子版，2013（23）.

[26] 黄枭，郝登宝. 国内餐厨垃圾处理现状及对策 [J]. 农业工程技术·新能源产业，2013（9）：3-6.

[27] 伍建军，梁灿钦，林锦权. 餐厨垃圾处理技术现状与发展 [J]. 东莞理工学院学报，2012，19（3）：68-72.

[28] 胡鑫鑫. 杭州市餐厨垃圾资源化处理技术的应用提升 [J]. 广东化工，2018，47（7）：184-186.

[29] 刘敬武. 城市餐厨垃圾资源化、无害化、减量化处理研究 [J]. 环境与发展，2018，30（6）：240-241.

[30] 李科. 四川省餐厨垃圾回收处理体系的完善 [J]. 现代经济信息，2018，（5）：387.

[31] 我国餐厨垃圾处理行业发展现状与远景分析 [J]. 资源再生，2018，（7）：43-45.

[32] 陈满英，路风辉，刘敬勇，扈华庚. 餐厨垃圾处理技术及资源化利用研究进展 [J]. 广州化工，2018，46（4）：13-16.

[33] 蹇瑞欢，吴剑，宋薇. 生活垃圾焚烧与餐厨垃圾处理协同处置的分析研究 [J]. 环境卫生工程，2018，26（2）：26-28.

[34] 王春雨，陈荣. 罐式好氧发酵堆肥处理生活、餐厨垃圾及资源利用的研究 [J]. 科技创新与应用，2017，（17）：24-25.

[35] 梁宁. 食堂餐厨垃圾堆肥技术探析 [J]. 绿色科技，2016，（18）：115-117.

第3章

餐厨垃圾管理政策

随着人民生活水平的提高，餐厨垃圾的产量逐年增加，而传统的餐厨垃圾管理办法已不能满足环保、健康和卫生的要求，因此，规范餐厨垃圾相关管理成为当务之急。本章从分析国内外餐厨垃圾管理政策着手，借鉴发达国家在餐厨垃圾管理与处置方面的实践经验，发现中国餐厨垃圾管理地方法规的不足之处，为进一步规范餐厨垃圾管理、推进相关法规的完善提供理论依据。

3.1 中国餐厨垃圾管理相关政策和法律法规

我国餐厨垃圾现状及引发的危害已引起各方面的高度关注，对城市餐厨垃圾予以规范化管理，从而完善城市市政功能，提高城市管理水平，已成为各级政府的共识，与之相关的政策和法规陆续出台。

《中华人民共和国环境保护法》《城市生活垃圾处理及污染防治技术政策》《中华人民共和国固体废物污染环境防治法》《中华人民共和国可再生能源法》《关于实行城市生活垃圾处理收费制度促进垃圾处理产业化的通知》《关于推进城市污水、垃圾处理产业化发展的意见》《关于进一步支持可再生能源发展有关问题的通知》《关于加强饮食娱乐服务企业环境管理的通知》等一系列国家法律和规章都对包括餐厨垃圾在内的生活垃圾的管理与处理产业化方向做出了规定。2013年发改委起草《餐厨废弃物管理及资源化利用条例》，为解决目前台账制度不完善、收费制度、信息公开规定缺失、法律责任不合理的问题。2015年，发改委、财政部、住建部联合印发《餐厨废弃物资源化利用和无害化处理试点中期评估及终期验收管理办法》，加强餐厨废弃物资源化利用和无害化处理试点管理，发挥试点示范的探索和引领作用，提高中央财政资金使用效益。2016年发改委住建部在《"十三五"全国城镇生活无害化处理设施建设规划》中鼓励餐厨垃圾与其他有机可降解垃圾联合处理，到"十三五"末，力争新增餐厨垃圾处理能力 3.44 万吨/日，城市基本建立餐厨垃圾回收和再生利用体系。2016 年、2017 年国家分别对餐厨垃圾资源化和无害化处理试点城市进行了分批次验收。

截至 2015 年年底，全国共有 9 个省和直辖市（北京、上海、重庆、河北、江苏、浙江、福建、山东、甘肃）、101 个地级城市和 6 个县级市已经颁布施行相关的餐厨废弃物管理办法或发布了征求意见稿，其中，已经颁布施行餐厨废弃物管理办法或发布了征求意见稿的省、直辖市全国占比达 29%，地级市占比达到 30%。据不完全统计，截至 2016 年 9 月底，100 个试点城市（区）中，有 68 个试点城市（区）已出台实施了当地的餐厨垃圾管理办法（表 3-1）。

表 3-1　部分城市餐厨垃圾管理办法

区域	法规	颁布时间	开始执行时间
温州	温州市区餐厨垃圾管理办法	2012 年 12 月	2013 年 2 月
上海	上海市餐厨垃圾管理办法	2005 年,2013 年修改	2005 年 04 月,2013 年修改
娄底	娄底市餐厨垃圾管理办法	2016 年 07 月	2016 年 09 月
成都	成都市餐厨垃圾管理办法	2012 年 06 月	2012 年 12 月
厦门	厦门市餐饮垃圾管理规定	2018 年 07 月	2018 年 09 月
沈阳	沈阳市餐厨垃圾管理办法	2017 年 10 月	2017 年 12 月
绍兴	绍兴市餐厨垃圾处理管理办法	2012 年 02 月	2007 年 04 月
鹤壁	鹤壁市餐厨垃圾处理管理办法（2010 年修正本）	2018 年 05 月	2018 年 06 月
东莞	东莞市餐厨废弃物管理办法	2017 年计划列入立法	2017 年 11 月
十堰	十堰市餐厨垃圾处理管理办法	2018 年 05 月	2018 年 05 月
梧州	梧州市餐厨垃圾管理办法	2018 年 08 月	2018 年 09 月
长沙	长沙市餐厨垃圾管理办法	2011 年 01 月	2011 年 11 月
临沂	临沂市餐厨废弃物管理办法	2011 年 05 月	2011 年 05 月
银川	银川市餐厨垃圾管理条例	2011 年 09 月批准	2011 年 11 月
昆明	昆明市餐厨垃圾管理办法	2011 年 11 月	2011 年 12 月
广州	广州市餐厨垃圾处理管理办法（征求意见稿）	征求意见稿为 2011 年 9 月	征求意见稿为 2011 年 9 月
深圳	深圳市餐厨垃圾管理办法	2012 年 06 月	2012 年 08 月
佛山	佛山市餐厨垃圾处理管理办法	2012 年 08 月	2012 年 08 月
武汉	武汉市餐厨废弃物管理办法	2013 年 06 月	2013 年 12 月
杭州	杭州市餐厨垃圾管理办法	2016 年 02 月	2016 年 04 月
太原	太原市餐厨废弃物管理条例	2017 年 03 月批准	2017 年 05 月

3.2 中国城市餐厨垃圾处理管理办法

餐厨垃圾带来的环境危害引起了政府部门的重视，一些城市认识到餐厨垃圾传统处理模式存在很多环境和卫生安全的问题。要完全消除或使餐厨垃圾对人体健康、市容环境的影响降到最低，必须科学、合理地对餐厨垃圾进行处置管理，建立健全、规范、有序的餐厨垃圾管理体系。同时，倡导人们注重节约，抵制铺张浪费，减少餐厨垃圾产生量，从源头上对餐厨垃圾减量。

3.2.1 餐厨垃圾的处置原则

为消除餐厨垃圾对环境的影响，保障人体健康，餐厨垃圾管理应遵循以下原则：

（1）统一管理原则

管理部门应依法制定规划、标准，进行协调、监督、管理。

（2）市场运作原则

按照"谁产生，谁负责"的原则，产生餐厨垃圾的单位负有处置责任，具体可采用以下几种办法：一是大型餐饮单位自设生化处理机处理；二是餐饮单位联合自行处置；三是相关企业参与收集、运输和处理。

（3）单独处理原则

餐厨垃圾作为一种特殊的生活垃圾，应单独收集、运输、利用、处理，如通过加工，可制成饲料或有机肥料，尽可能变废为宝。

（4）依法监督原则

政府部门针对餐厨垃圾，应在倾倒、收集、运输、利用、处理等各个环节依法实行全过程的监督。

3.2.2 各市餐厨垃圾处理管理办法

近年来，我国一些城市通过制定地方性法规，政府积极推动、扶持、引导企业建立餐厨废弃物和"地沟油"资源化利用和无害化处理项目，取得了一定成效。国内一些大中型城市纷纷探索餐厨垃圾资源化利用新模式并初步形成了北京模式、西宁模式、上海模式、江阴模式、宁波模式等餐厨垃圾资源化利用模式。还有杭州、苏州、重庆、厦门等许多城市也都推出了相应的管理办法，并已开始着手制定"地沟油"等餐厨垃圾技术标准，而国家层面的《餐厨垃圾管理条例》也将适时启动。

目前全国餐厨垃圾资源利用的基本模式有三种：一是将餐厨垃圾中的有机物转

换成有机肥料（以北京市、江阴市为代表）；二是将餐厨垃圾中的有机物转换成有机饲料（以西宁市为代表）；三是将餐厨垃圾中的有机物经过厌氧发酵转换成沼气再进行发电（80％以上的餐厨垃圾处理企业采用此方法）。

（1）北京市

北京市城市管理委员会的数据显示，首都 4 万余家餐饮企业、党政机关、学校食堂每天产生的餐厨垃圾量接近 2600t，预计在 2020 年达到每日 2900t。截至 2017 年年底，北京市已有 10 座餐厨垃圾处理站，加上餐厨垃圾就地处理设备，每天能处理 2000t 左右。2017 年年底餐厨垃圾专业运输车辆从 2007 年年初的 200 多辆，增加到 720 余辆，增长 260％。2018 年 1～7 月，餐厨垃圾清运处理量达 22.9 万吨，较 2017 年同期增长 13.9％。2017 年增加 400t/d 处理能力，2018 年年底再增830t/d，总能力达到 2180t/d，基本满足餐厨垃圾处理需求。

为补齐每日高达数百吨的餐厨垃圾处理能力"缺口"，北京正在海淀、丰台、顺义等区新建餐厨垃圾集中处理设施，预计餐厨垃圾日处理能力有望提高至 2800t。

位于北京大兴区的北京环卫集团南宫餐厨垃圾处理厂，设计日处理能力 400t。每天，餐厨垃圾专用运输车将定点餐馆和食堂的餐厨垃圾运至此处集中处理。餐厨垃圾经过固液分离机，将大体积物料挤压脱水并提出，分离出的固体物质和絮凝脱水产生的污泥有机物含量均很高，可作为堆肥原料，进入南宫堆肥厂堆肥系统进行好氧堆肥；餐厨废弃物处理分离出的筛下物运到安定垃圾卫生填埋场进行填埋；液态物质送入油水分离器，油脂回收利用；餐厨废弃物处理过程中产生的污液将通过厌氧生物处理、好氧生物处理及膜法过滤等工艺，有效降低污水中的磷等化学成分，使污水在厂内得到处理并达到《北京市水污染物排放标准》规定的三级排放标准。

餐厨废弃物处理较好地应用了"北京模式"，即北京市科委与中央在京单位共建"首都科技条件平台研发实验服务基地"，整合高等院校、科研机构和大企业的科技资源，引入专业服务机构作为核心运营载体，以机制创新为核心，以市场化运作为手段，促进首都科技资源向社会开放共享，支撑企业自主创新，形成了政府主导、所有权和经营权相互分离的科技资源共享"北京模式"。

（2）上海市

2013 年 4 月上海修改并颁布实施了《上海市餐厨废弃物处理管理办法》，上海餐厨废弃物处理实行的是"闵行管理模式"，即"相对独立的收费、收运、处置系统"。

上海市餐厨垃圾处理管理实行市市容环卫局、区市容环卫局、街道环卫所均有专人负责的三级管理网络，市容环卫部门从餐厨垃圾产生、收运、处置三个环节对餐厨垃圾实施管理。各级市容环卫和城管执法部门会同工商、环保、农业、技监等职能管理部门对餐厨垃圾处理进行合同监管、日常监管和档案监管等方面的监督管理。产生单位按照《上海市餐厨废弃物处理管理办法》要求设置符合标准的餐厨垃圾回收容器,与生活垃圾分开收集存放。产生单位每年年初到所在区(县)市容环卫部门下属的收费中心申报餐厨垃圾产生量,并按照上海市"生活垃圾处理收费"的相关规定以基数内 60 元/桶(240L)的政府指导价预交处置费用,超出申报量部分按 120 元/桶(240L)的价格补交处置费用。2008 年全市餐厨垃圾产生量为 661t/d,申报率达到 66.7%。

餐厨垃圾处置单位以市场化运作为前提,通过招标方式确定,并授予特许经营资质。截至 2017 年年底,全市已有厨余垃圾处置厂 12 家,处理规模 10~200t/d 不等,总计达到 700t/d。位于卢湾、徐汇、长宁、普陀的餐厨废弃物处置设施设计处置能力为 180t/d,基本处于满负荷状态;浦东、闵行、宝山、松江、嘉定、南汇等 8 家处置设施的处置能力达到 500t/d。在 12 家处置厂中,8 家将厨余垃圾加工为动物饲料添加剂,4 家通过好氧堆肥或厌氧发酵生产有机肥料。

(3) 宁波市

"政府引导、法制管理、集中收运、专业处置、社会参与、市场化运作",是业内称为餐厨废弃物处理"宁波模式"的特点。2006 年 12 月 1 日,宁波颁布实施了《宁波市餐厨废弃物管理办法》,宁波市容环卫处实施集中收运餐厨废弃物,专业公司进行运营。

截至 2017 年年底,宁波市运营的餐厨废弃物处理厂处理能力为 200t/d,采用"预处理+油水分离+废水厌氧发酵+固态烘干作饲料"的工艺技术路线。餐厨废弃物进厂分拣后经过蒸煮压榨、油水分离等工艺,分离出的油脂经精炼系统,制成工业油脂。接下来将剩余物经过高温消毒、蒸干,加工成饲料。同时,对处理过程产生的餐厨废水通过厌氧发酵产生沼气并实现热电联产,餐厨废弃物从进入生产线到处理完毕,耗时约 2h。

(4) 乌鲁木齐市

2005 年 6 月 16 日,乌鲁木齐市餐厨废弃物综合处理中心正式投产,餐厨废弃物处理规模为 100t/d。2005 年 10 月《乌鲁木齐市餐厨废弃物处置管理暂行办法》开始实施。餐厨废弃物处理工艺为:餐厨废弃物经分选、干燥灭菌处理后,再脱水、脱脂、烘干、破碎,最后制成高营养的动物饲料蛋白粉;脱出的液体经过油水分离后分别制成发酵饲料和工业油脂等。

据资料显示,截至 2017 年年底,乌鲁木齐市城区垃圾每日产生量已接近 3000t。而每天回收的 70 余吨餐厨垃圾不在此范围内,且呈逐年上升趋势。面对垃圾量日渐增长及污染问题,市委、市政府积极寻求彻底解决"垃圾围城"的治本之策,一边加大资金等投入,一边对垃圾无害化处理进行积极探索与实践。

2010 年 7 月，乌鲁木齐市根据国家有关部委联合下发《关于组织开展城市餐厨废弃物资源化利用和无害化处理试点工作》的通知，申报了试点城市项目。2011 年 5 月 26 日，乌鲁木齐市成为我国 33 个首批试点城市之一。

2013 年 7 月，乌鲁木齐市新建的餐厨废弃物资源化利用和无害化处理项目一期已完成；二期年底投入使用；三期项目建成后，乌鲁木齐市餐厨废弃物日处理能力可达 500t，年减排二氧化碳 218 万吨以上，年产生腐殖酸肥料 10 万吨。通过对源头的治理，乌鲁木齐垃圾无害化处理正逐步走上可持续、科学发展的轨道。

（5）兰州市

2010 年 5 月 1 日起正式实施《兰州市餐厨废弃物集中处置管理暂行规定》。

兰州餐厨废弃物处理厂按照 BOT 方式进行"投资、建设和运营"，餐厨废弃垃圾经全无害化处理后，最大程度地将餐厨废弃物中可利用的资源全部回收与转化，转变成各种资源化产品，实现了"零排放"，被业内称为餐厨废弃物循环经济处理"兰州模式"。

兰州市 2011 年 3 月建成处理规模为 200t/d 的餐厨废弃物处理厂。采用的处理工艺：统一收集到的餐厨废弃物将通过接收系统进行预处理后，进行油脂分离，可以产生生物柴油；接下来经过关键步骤"混式厌氧发酵"，就可以产生清洁燃料——生物燃气，也可以用来发电和为交通工具提供清洁燃料；剩下的发酵混合物经过腐熟处理之后可以制成有机肥，供农业种植。

（6）广州市

2011 年 9 月，广州市发布了《广州市餐厨废弃物处理管理办法（征求意见稿）》。

广州餐厨废弃物产生量约为 700～1000t/d，截至 2017 年年底仅有的一座 2010 年 3 月 26 日投产运行的餐厨废弃物生化处理示范站，处理能力仅为 2.4t/d。餐厨废弃物生化处理示范站收集市委、市政府、市城管委、越秀区政府等单位机关食堂的餐厨废弃物。处理工艺：采用 BGB 微生物资源循环技术，高温高速好氧发酵工艺，以餐厨废弃物、果蔬残渣等有机废弃物为培养基，经 8h 内生化处理机高温高速好氧发酵，将餐厨废弃物全部消化掉，转化成高活性、高蛋白、高能量的微生物菌群，再经特殊工艺，加工成环境友好型的生物饲料和微生物肥料菌剂，无害化处理率 100%，资源转化率 95% 以上，产出物有机碳含量高达 47%，应用于绿色有机农业。

（7）重庆市

2009 年 7 月 13 日重庆市人民政府颁布了《重庆市餐厨废弃物管理办法》。

截至 2017 年年底，重庆市主城区餐厨废弃物收运量已达 1300t/d。重庆市已有的餐厨废弃物处理厂，一期工程处理规模为 167t/d，正进行工程调试阶段；二期工程处理规模 333t/d；总规模 500t/d，沼气总产量 39000m³/d，发电装机 3MW。重庆市餐厨废弃物处理其核心工艺采用瑞典普拉克公司的"高温厌氧消化技术"，餐厨废弃物收集后经分选、破碎、沉淀、充分混合均质等工艺后，进入厌氧高温消化罐并在其中转化为沼气，沼气经生物脱硫后用于发电。除了产沼气发电，项目二期还增加了除油装置，餐厨废弃物中分离出的含油污水经过离心加热等工艺进入生物柴油装置可提取生物柴油，处理后的垃圾还可以生产有机肥料用于市政绿化。近期内，重庆市准备再建一座日处理 500t 的餐厨垃圾处理厂，增加处置能力，同时扩大收运范围。

（8）杭州市

杭州市餐厨垃圾管理以政府引导、统一管理、集中收运、定点处置、社会参与、市场化运作的方式进行。2002 年 6 月，杭州市政府办公厅向各区政府、市各有关部门转发了市环保局等三部门《关于杭州市畜禽养殖业污染综合整治工作方案》，拉开了有序推进餐厨垃圾集中处置和资源化、无害化利用的序幕。2003 年 4 月，市政府办公厅印发了《杭州市餐厨垃圾处置管理暂行办法》，同年 5 月杭州市固体废弃物处理有限公司根据市容环卫、环保部门的要求，完成了《杭州市餐厨垃圾集中处置方案》的研究和制定。2004 年 10 月，杭州市通过《杭州市服务行业环境保护管理办法》（2005 年 1 月 1 日起施行），规定"服务项目产生的餐厨垃圾应按照城市市容环境卫生管理的要求收集、运输和处置"。2004 年 12 月，杭州市颁布了《杭州市城市市容和环境卫生管理条例》（2005 年 7 月 1 日开始实施），规定"单位和饮食经营者产生的餐厨垃圾、弃食用油脂，应当按照市或县（市）人民政府有关规定进行收集、中转和处置，不得自行处理。违反规定的，由行政执法机关责令改正，处以五百元以上五千元以下罚款"。

2011 年 07 月 19 日，杭州市环境集团开始杭州市餐厨垃圾分选减量暨生化利用试点项目（项目建议书、可行性研究报告）招标，于 7 月 29 日开标。共有 4 家单位参加投标，经评标，最终选择 2 个单位编制项目建议书，并于 2011 年 9 月完成项目建议书的编制。初步确定本项目的技术路线为：前分选＋厌氧产沼＋沼气利用。

该项目运行以来，产气稳定，工艺技术目标实现回收餐厨垃圾中 10％以上的可回收物质，实现餐厨垃圾 70％以上的减量化，分离后浆料的产沼率达到每吨大于 80m³。

（9）贵州省

贵州省近日分别印发了城镇生活污水处理设施建设和城镇生活垃圾处理设施建设的 3 年行动方案，计划用三年时间新增生活垃圾无害化处理设施能力 3410t/d，建设 539 个建制镇生活垃圾无害化处理（收转运）设施。到 2020 年年底，贵州生活垃圾无害化处理设施能力将达到 24010t/d。

（10）其他市

目前国内有多座城市已经开展了餐厨废弃物的处理工作，相关的政策已经配套；一些城市也在积极规划，在近几年陆续建成餐厨废弃物处理设施。其他主要城市餐厨废弃物处理规划及设施建设情况见表3-2。

表3-2　国内其他主要城市餐厨废弃物处理规划及设施建设情况

城市	餐厨废弃物处理设施及政策配套情况
长沙	2011年年初,长沙发布《长沙市餐厨垃圾管理办法》,自当年6月1日起正式施行。2012年6月,长沙餐厨垃圾无害化处理项目正式运行,项目以BOO(建设—拥有—经营)模式进行。2016年年底,餐厨垃圾收集处理全覆盖工作启动,全市万余家小、散餐饮门店的餐厨垃圾正式开始全面回收。一家家餐馆接连签约,到2017年9月底,当时全市登记在册的大中小型餐饮机构的餐厨垃圾基本实现集中收运处置,长沙在国内率先实现餐厨垃圾收集处理全覆盖,这成为长沙餐厨垃圾资源化回收利用的又一个关键节点
成都	至2015年,成都市中心城区已建成集收运、处理于一体的餐厨废弃物处理体系,在双流和龙泉驿分别建立餐厨废弃物一体化处理中心。2011年8月,已确定双流餐厨废弃物处理中心处理规模为200t/d,环评已公示,处理工艺是通过微生物菌剂,对餐厨废弃物进行降解,最后出来的物质将变成有机肥、有机饲料添加剂
深圳	深圳明确了罗湖、宝安区等6座餐厨废弃物处理设施的选址及建设,并确定了处理规模。目前,南山区餐厨废弃物处理项目已建成并投产试运行(200t/d),将餐厨废弃物制成饲料蛋白粉和生物柴油
达州	2018年4月,达州市制定《达州市中心城区餐厨垃圾管理办法》。目前,达州主城区210家火锅、串串、中餐店等餐饮服务单位纳入智慧监管,安装餐厨垃圾收集设备(油水分离器和智能芯片装运箱)210套。2018年年底将实现主城区范围内餐饮单位餐厨垃圾智能收运全覆盖,力争2019年年底全市全覆盖。3月1日起先期试运行69套设备,截至目前已收集餐厨废弃油脂6615kg,固体废渣26.4t
龙岩	2018年年初,龙岩市专门出台了中心城区餐厨垃圾管理暂行办法,对餐厨垃圾的产生、收集运输、处置等,作了详细规定;并对非法生产、销售、使用"地沟油"的违法违规行为,建立了安全监管长效机制。2018年7月起,龙岩实行生活垃圾强制分类试点,截至目前,共有23个试点小区和42个试点单位。在试点区域,建立健全网格化垃圾分类管理体系,每600户设一个网格员,而垃圾分类桶、垃圾袋由新罗区政府统一采购、安装。此外,龙岩还将进一步完善与垃圾分类相衔接的终端处置设施。目前,龙岩正在新罗区铁山镇筹划建设生活垃圾终端处置利用设施,建立集垃圾焚烧、餐厨垃圾处置、建筑垃圾资源化利用、再生资源回收利用、垃圾填埋、有害垃圾处置于一体的生活垃圾分类协同处置基地。力争2020年年底前,建成生活垃圾分类协同处置基地,即龙岩市固体废物综合处置中心,逐步建立健全餐厨垃圾和非工业源有害垃圾收集、运输、处置系统
宿迁	2018年年初,宿迁市发布《宿迁市2018年度城乡生活垃圾分类和治理实施方案》。该方案所描绘的宏大蓝图,旨在建立垃圾分类投放、分类收集、分类运输、分类处理体系,推动城乡生活垃圾分类和治理。垃圾分类真正从"分类收集"试点走向"收治处"一体化,新增垃圾分类单位354个、新增公共区域分类投放设施1850个、完成178个小区垃圾分类体系建设、建设28座垃圾分类终端处理厂站,年底市区建成区生活垃圾分类投放设施覆盖率达到45%,所辖三县建成区生活垃圾分类设施覆盖率达到35%
武汉	2013年6月发布《武汉市餐厨废弃物管理办法》,"十二五"期间,武汉市已建5座餐厨废弃物处理场,处理工艺初步确定为制生物柴油和产沼气
哈尔滨	目前在建处理规模为500t/d的餐厨废弃物处理厂,处理工艺是将餐厨废弃物转化为沼气、沼渣、生物柴油和甘油

3.3 国外餐厨垃圾行业管理政策

发达国家在餐厨垃圾收运、处理的相关立法方面起步较早，效果较好。

欧盟成员国已实施的垃圾填埋法令规定：凡垃圾中易腐有机物含量超过5%时不允许填埋，因此导致欧洲的餐厨垃圾处理方式多元化。由于20世纪末的疯牛病、动物口蹄疫大规模爆发，餐厨垃圾加工饲料受到了坚决的扼制。动物吃了用动物的内脏、骨头等加工而成的饲料，实际上就是在"食用同类"。研究人员发现，疯牛病很可能就源自动物"食用同类"现象。近年来，发达国家为解决疯牛病、禽流感等全球性饲料安全问题，相继制定饲料法规加强这方面的管理。

欧盟从2003年开始正式执行动物副产品条例，严禁使用餐厨垃圾及其衍生物作为养殖动物的饲料。英国政府颁布法令规定即使经过处理后的餐厨垃圾也不能用来饲养反刍动物。加拿大在《饲料法》的基础上，又制定了《动物饲料限制和禁止规定》，明确规定禁止反刍动物蛋白提炼产品作动物饲料。美国政府扩大了动物饲料禁用范围，将原来对动物脑和脊髓组织的禁用范围从牛饲料扩大到狗、猫、猪和家禽饲料。日本和韩国也修改了《饲料安全法》和《饲料管理法》，对饲料安全源头和生产过程监管作出了新的规定。

3.3.1 英国餐厨垃圾行业管理政策

英国是最早推行城市化的国家，6000万左右人口中有90%居住于城市，显然餐厨垃圾如何处理也是英国不可忽视的问题。经过几十年的摸索，英国在餐厨垃圾的源头处理、规范分类、政企结合等方面早已走在了前列。据2015年英国垃圾资源行动纲要（Waste and Resources Action Program，WRAP）资料显示，英国每年约产生1500万吨餐厨垃圾 [234kg/（人·年）]，如今每年通过对餐厨垃圾进行厌氧消化和好氧堆肥处理减排二氧化碳2000万吨，同时英国计划到2025年将餐厨垃圾循环利用率提高到70%，这一举措对英国餐厨垃圾应用处理具有重要的意义。另外，在英国，垃圾需要被规范分类，政府统一规定每个家庭的垃圾箱分类及设备颜色，将政府、垃圾处理运营商、垃圾收集运营商和相关商业群体协调起来，实行"餐厨垃圾循环利用行动计划"。英国的这种源头式餐厨垃圾处理模式值得我国家庭、餐饮企业学习。近年来，英国建立了全球首个全封闭式餐厨垃圾发电厂，在餐厨垃圾处理方面引起了不小的轰动，该厂平均每天处理12万吨垃圾，可供应数万家庭的日常用电，这一技术也引起了众多投资者的热切关注。

关于废弃油脂的处理，为了更好地收集废弃油脂，英国政府在居民居住集中的地方设立专门废弃油脂回收点，居民将家庭餐后的废弃油脂装入密封容器后放在回收点，由政府指定的企业回收进行收集处理。英国在动物口蹄疫爆发前，用餐厨垃坂饲养家畜必须事前获得政府颁发的许可证，这些餐厨垃圾必须经过蒸煮杀菌后，才可给家畜食用，在动物口蹄疫爆发后，英国对餐厨垃圾饲养家畜的管制更为严厉，除100户被授予许可的农场外，其他人都不能饲养家畜，这些养殖户如若被发现将餐厨垃圾用于饲养家畜，必会受到严厉的惩罚，而且明令禁止用含有肉类的食品饲养家畜。此外，英国还颁布了严格的惩罚制度，餐饮企业不得私自出卖废弃油脂，如果被发现，将会面临高额的罚款。

3.3.2　法国餐厨垃圾行业管理政策

法国对清洁生活，消除垃圾，主要从两方面入手：一是遏制垃圾源；二是垃圾得到及时收集处理。据统计，目前法国每人每年产生360kg生活垃圾，目标是10年后降低到每人每年200kg。

法国的垃圾处理已由原来被动的填埋发展到焚烧，并尽可能综合利用。每吨垃圾焚烧后只有28kg炉渣，焚烧产生的热能可用于发电，而炉渣则可作铺路材料。现在，法国又开始用甲烷化工艺降解垃圾，并生产出沼气和高品质的堆肥。垃圾处理新工艺的出现，使得垃圾被填埋的比例越来越小，被回收利用的比例越来越大。

日常垃圾分类有着严格的规定，一般垃圾分为可回收垃圾和不可回收垃圾。每个住户都有用来装垃圾的大袋子，把生活垃圾和餐厨垃圾放到袋子里，分门别类放到垃圾房。垃圾房装有摄像头，如果不按照要求分类，会被罚款。对于餐馆和食堂等行业的餐厨垃圾，政府要求从业者进行强制分类。分为无害、中性、危险三个级别，并进一步细分为20个门类，以此决定是回收、深埋还是焚烧处理。

早在1992年，法国垃圾处理法规定，餐厨废油不得与其他垃圾混合丢弃，也不能把用过的餐厨废油直接倒入下水道，或当普通垃圾扔掉。如果因为处理废油不当，造成下水道堵塞等情况，餐厅会被处以高额罚款，甚至被勒令停业，对于多次违规的餐厅还将追究经营者的刑事责任。据统计，截至2017年年底，法国每年有超过40％的餐厨废油得到回收利用，而且这一数字还在逐年上升。

3.3.3　美国餐厨垃圾行业管理政策

2000年，美国产生的餐厨垃圾为2600万吨，2010年已增到3400万吨。餐厨垃圾是美国第二大垃圾来源，仅次于纸张，占城镇固体废物总量近14％。目前，美国处理餐厨垃圾的方式仍以填埋为主。对餐厨垃圾生产量较大的单位，设置餐厨垃圾粉碎机和油脂分离装置，分离出来的垃圾排入下水道，油脂则送往相关加工厂（如制皂厂）加以利用；对于餐厨垃圾生产量较小的单位如居民厨房，则被混入有机垃圾中统一处理或安装餐厨垃圾处理机，将垃圾粉碎后排入下水道。美国各州对处理餐厨垃圾的政策和方式各有所不同，很多州针对当地的具体情况，建立了自己的餐厨垃圾处理回收体系。例如在加利福尼亚州，正在推广利用餐厨垃圾发电的技术，并取得了一定的成绩。在旧金山市的东湾区，回收人员对从当地2000多家餐馆和食品店收集的餐厨垃圾进行发酵，利用产生的甲烷发电。2010年该地区每周处理餐厨垃圾的能力约为100t，发电量大约能满足1300户居民的用电需求。

同时，为了使对餐厨垃圾的管理能够顺利实施，美国颁布了《固体废物污染防治法》和"12篮工程""二次收获工程""食物储藏网络工程"，这些法律制度的实施为餐厨垃圾的管理提供了良好的保障制度。在《固体废物污染防治法》中要求不得将餐厨垃圾和生活垃圾混合在一起收集。"12篮工程"和"食物储藏网络工程"鼓励人们将剩余食物放到指定地点，供需要的人使用。"二次收获工程"提出要实现将餐厨垃圾转化为有机肥料。

首先，在美国的中西部地区，蚯蚓堆肥、密封式容器堆肥处理餐厨垃圾的应用也越来越多。宾夕法尼亚州的州立学院镇是该州唯一开展路边收集餐厨垃圾进行堆肥的城镇，该镇拥有一个设施良好的院落，进行回收加工餐厨垃圾。回收人员把餐厨垃圾和园林垃圾一起堆成肥料，并在当地使用或者出售，每年可以制造大约2000m³的肥料。

其次，在美国，几乎每个家庭都有"厨房废弃物粉碎机"，对于不含油脂的餐厨垃圾直接由粉碎机打碎排入下水道，对于含油脂较高的餐厨垃圾，由政府制定的企业进行收集处理。对于家庭餐后产生的少量废弃油脂，居民会放进密封容器后再丢进垃圾箱，如果废弃油脂量大，居民就会送到回收站。这样可以减轻餐厨垃圾的分类工作量，为实现餐厨垃圾的资源化做好了准备工作。

最后，美国对餐厨垃圾管理有较健全的制度规划和较为严厉的惩罚手段。收集废弃油脂的公司必须事先获得政府的许可才可以营业，每年政府会给这些公司财政补贴，这样做可以在激发回收加工废弃油脂企业的积极性的同时也防止了废弃油脂外流的现象。养猪的农民必须首先对收集来的餐厨垃圾进行消毒，达到动物健康委员会规定的标准后才可喂猪。在惩罚手段上，餐饮企业如果私自将废弃油脂卖出，政府将会做出停业的惩罚。为了调动餐厨垃圾产生单位收集废弃油脂的积极性，联邦环保部门组建专门机构对餐厨垃圾排出的废水成分进行跟踪检测，对于数据较高的单位加收排污费用。这就使得餐饮业经营者为了减少费用的支出，从而积极主动地收集废弃油脂，降低废弃油脂流入违法渠道的可能性。

3.3.4 德国餐厨垃圾行业管理政策

德国是一个非常注重生态平衡的国家，其工业技术在全球首屈一指。虽然整个德国的生物垃圾量全年仅有700万吨左右，其却是最早开展垃圾分类收集的国家。德国具有上百家不同的垃圾处理公司，不同的公司负责不同地区的垃圾收集和处理。公司具有各自独立的人员、设备及管理制度，对包括餐厨垃圾在内的生活垃圾进行回收。20世纪60年代德国就开始使用厌氧技术处理餐厨垃圾，到90年代厌氧技术的工程开始在德国及欧洲大规模推广使用。如今德国餐厨垃圾主要采用堆肥处理和厌氧处理方式，每年收集880万吨有机固体废弃物，其中83%经堆肥处理、

17％经厌氧处理。据德国沼气协会数据，截至 2015 年，德国境内总共有近 9000 个沼气工程运行使用，占欧洲全部沼气工程的 80％以上，沼气发电装机 4018MW，可为约 800 万家庭提供用电，目前沼气发电量已经占到全国用电量的 4.5％以上。按德国政府计划，到 2020 年，新能源发电将占德国全年总发电量的 43％，进而替代核能在能源供应体系中的位置。借鉴德国沼气产业发展的经验，我国应视全国各地资源和环境特点因地制宜，推动沼气产业市场化进程。

德国在垃圾处理上体现了一个先进的理念，那就是首先减量化，其次资源化，最后才是处理。即垃圾处理时，首先使用垃圾分类回收利用技术，其次是堆肥（生化）技术，再次是焚烧技术，最后才是卫生填埋。德国目前很多大企业正在实现餐厨垃圾变废为宝的目标，现在德国经济增长最快的一个部分就是垃圾处理产业。

20 世纪 80 年代中期，德国许多城市的垃圾处理方式，要么是被焚烧，要么是被填埋。随之带来的是，垃圾填埋场无法容纳不断增多的生活垃圾，且带来水环境和空气的污染。为此，德国联邦政府于 1991 年通过了包装条例，要求生产厂家必须对其产品包装全面负责。随后，工业界成立了垃圾回收和再加工系统（SDS），主要负责生活垃圾分类和再加工工作。每年各地政府会给每个家庭专门印发《垃圾分类说明》和《垃圾清理日程表》，要求居民按照要求对垃圾进行分类。清运车会按照时间表，到居民区收运各类垃圾。根据各城市村镇的不同规定，把日常垃圾一般分 4～5 类，然后再细分出至少 62 种生活垃圾。如蓝色桶是纸类，棕色或绿色桶是有机物，黄色桶是包装袋，黑色桶是不包含有害物质、不可再利用的残余垃圾。玻璃瓶有专门的投放桶，按颜色分投。钢铁类，还有特殊垃圾如电池、涂料、药品、农药等单独回收处理。大型家具、家电一年安排几次定点回收。最近又推出智能小家电回收试点。

为了鼓励废物回收，特别实行了饮料瓶可退还押金制。为了垃圾分类的实施，环境警察还会对垃圾分类情况进行抽查。这样，就实现了生活垃圾的分类化、减量化，为垃圾焚烧并降低污染创造了条件。如德国弗莱堡市自 1992 年起，经过近 20 年的努力，人均制造垃圾量从 190kg 降至人均 90kg，生活垃圾处理率几乎达到 100％，60％的垃圾得到回收利用。

生活垃圾分类后，关键是要做好利用文章，变废为宝，使之成为资源和生产原料。德国政府按照可再生资源保护利用的要求，综合利用分类后的废弃物，进行回收利用，形成垃圾经济或循环经济。分类后的垃圾被视为重要的能源载体和次级原料。如德国回收的所有塑料垃圾中，有 40％按照种类被严格分拣。2100 万吨塑料被重新利用加工成再生原料，用新原料生产 1t 塑料的费用在 1200～1400 欧元之间，而用回收废塑料生产的再生塑料，成本只要 500 欧元。与原始的回收相比，再生原料增值 3～4 倍。德国也因此形成了一个营业额超过 2000 亿欧元的生态垃圾经济或垃圾经济产业。自从德国开始严格实施生活垃圾分类后，该产业产值每年增长 14％，为大约 25 万人创造了就业岗位。

建立法律法规是德国成功推动生活垃圾管理的重要手段。早在20世纪70年代，德国也出现过地沟油横行的情况。不法商贩把地沟油再加工后悄悄卖给餐馆，二次使用。此后，德国政府及时推出泔水回收的法律，对其进行跟踪监督，效果明显。德国餐馆必须与政府签订"泔水回收合同"。详细规定了泔水由哪家企业回收、何时回收、回收后由谁加工等。德国的每一桶泔水都有张"身份证"，从产出、回收到利用都严格记录在案。任何一个环节出问题，很快就能查明。同时，开餐馆前，必须购置油水分离的设备。这个处理设备是按照最严格的欧洲油脂分离标准设计的。分离出来的油由政府特批的公司统一回收，这些公司许多都是上市企业，规模很大。回收来的废油，除了制成生物柴油外，不少企业还从中提炼出特殊成分，用于生产化学品、有机肥料等。德国食用废油回收利用率已达到100%。

德国生活垃圾的成功处置，使生活垃圾成为原材料。生态垃圾经济成为一大产业，关键靠制度的执行和居民的自觉行为。在严格执法的基础上，德国政府鼓励来自工商企业界的自愿承诺，形成了一套完善的富有特色的废弃物管理体系。1972年德国颁布了《废弃物管理法》，要求关闭垃圾堆放场，建立垃圾中心处理站，进行焚烧和填埋。石油危机后，德国开始从垃圾焚烧中获取电能和热能。1986年，颁布了新的《废弃物管理法》，以解决垃圾的减量和再利用问题。1991年德国通过了《包装条例》，原则上要求生产厂家和分销商对其产品包装进行全面负责，回收其产品包装，并再利用或再循环其中的有效部分，减少包装材料的消耗量。1992年又通过了《限制废车条例》，规定汽车制造商有义务回收废旧车。在主要领域的一系列实践后，1996年德国提出了新的《循环经济与废弃物管理法》，把废弃物提高到发展循环经济的思想高度。

3.3.5 日本餐厨垃圾行业管理政策

日本每年的餐厨垃圾总量为2000万吨左右，其中18%产生于食品加工业，30%来源于食品销售渠道和酒店，52%来自家庭。

2000年，日本颁布了《食品再生法》，号召全社会要杜绝严重的食品浪费现象，并且规定对食品垃圾要进行回收和再利用，要求食品加工业、大型超市、宾馆饭店和各种餐馆要与农户签订合同，将不能食用的蔬菜坏叶和果皮等制成堆肥，同时要求他们把厨房垃圾也要制成堆肥；2001年开始实施《食品废弃物循环法》，规定超市及餐厅等餐饮业有义务对食物垃圾再资源化，并设法抑制垃圾的产生，5年内要将有机肥料的再生率提高2倍。

在垃圾分类严格、不能免费丢弃餐厨垃圾的日本，餐饮店经营者或是普通居民家必须将用过的食用油分开保存，自行送到废油回收点。离开餐桌后的废弃食用油，首先在餐馆或家里完成第一道分类手续。为了鼓励中小餐馆的经营者甚至普通家庭积极提供废弃食用油，近几年，由政府牵头，日本很多城市都增加了废弃油回收点的数量。大型餐饮企业、食品加工厂以及学校食堂等地方的废弃食用油回收，主要由专业的回收公司完成。专业公司上门回收的费用一次约为 500 日元（约合人民币 35 元）。在日本从事这种废弃油脂回收的企业，需具备当地政府颁发的"产业废弃物中间处理业""产业废弃物收集搬运业"许可证，并符合日本食品回收法"再生利用事业登录认定"中的相关条款规定。

近年来，日本餐厨垃圾的处理方式出现了很多新的研究方向，主要包括餐厨垃圾生产动物饲料以及利用餐厨垃圾生产生物气发电供热等。同时，日本餐厨垃圾处理技术的发展非常迅速，一些著名的电器公司如松下、三洋、日立、东芝等，都把餐厨垃圾处理机作为一项很有潜力的产品，投入人力和资金进行研制和推广。据统计，目前日本制造餐厨垃圾废物处理机的企业已达 250 家。

关于地沟油的处理，日本过去的办法是在废油里放入一种凝固剂，让油变成固体，然后和可燃垃圾放在一起，运到垃圾站焚烧，成为生物发电的材料。锅底残存的油在清洗前要用卫生纸擦干净，下水道很少有废油流入。这样做主要是为了环保，因为日本的生活用水经过净化后要排到河里，而废油进入下水道会给净化工作增加难度。

对于能源紧张以及重视环境的日本而言，回收的废弃食用油，经过去除杂质等步骤后，再按照不同使用途径送到肥皂、饲料、涂料生产企业以及废弃食用油资源化企业。各种各样的再利用途径中，最引人注目的莫过于将废弃食用油加工制成生物燃料。目前，在日本各个城市，生物燃料被普遍使用于垃圾车、公共汽车等。生物燃料在日本的售价略低于普通汽油，而且 100% 使用生物燃料的汽车又可避免上缴汽油交易税。

3.3.6　其他国家餐厨垃圾行业管理政策

韩国为治理餐厨垃圾成立了专门的餐厨垃圾管理委员会，使得对餐厨垃圾的管理有强有力的权力保障。为了更好地管理餐厨垃圾，韩国制定餐厨垃圾的回收袋的标准样式，并将这些垃圾袋发给市民、餐饮企业等，只有用此垃圾袋存放的餐厨垃圾才会得到回收。韩国从 1991 年开始就强制执行了垃圾分类收集与回收系统，当时城市生活垃圾产量为 9.2 万吨/日，其中餐厨垃圾占 27%。到 1994 年年底，城市生活垃圾产量减为 5.8 万吨/日，其中餐厨垃圾占 50%。从 1995 年起实施垃圾专用袋制度，一般家庭都将其他垃圾与餐厨垃圾分开包装放在门外，由垃圾车和餐厨垃圾车分别收取，主要以填埋为主。但是到了 2005 年，韩国已经意识到填埋餐厨垃圾带来恶臭、渗滤液污染等，韩国政府全面禁止餐厨垃圾填埋处理。因此，近年来，韩国政府以大餐馆和社团餐厅为对象开展餐厨垃圾的减量化和资源化处理，处理方式主要为厌氧消化—生物气回收、生物反应器浆状好氧处理。

除了英国、德国外，欧洲的其他国家也对餐厨垃圾的管理做出了不懈的努力。荷兰在制定的《环境管理法》中要求每个行政当局对其管辖区域内私人厨房产生的垃圾，每周至少收集一次。瑞典制定了《清洁卫生法》《健康环境保护法》《环境保护条例》，明确规定餐饮业等单位应该清洁生产，禁止随意倾倒废弃油脂污染环境。瑞典制定了《废弃物收集与处置法》，它要求对餐厨废弃物收集运输要使用政府指定的运输工具，并由政府指定的企业进行收集，禁止随意买卖。新西兰在1998年前就颁布了用于饲养家畜的餐厨垃圾必须经过消毒处理的法规，但没有得到真正实施，直到英国口蹄疫的爆发敲响了警钟，这项法规才得到真正实施。

3.4　国内餐厨垃圾管理的法律政策中存在的问题

我国餐厨垃圾处理行业刚刚起步，相应的政策法规及管理办法不健全，收集难，处理系统不健全，配套设施不规范。国内大中型城市已经意识到餐厨垃圾的危害，并开始了资源化利用的尝试。一些城市虽然出台了餐厨垃圾的管理办法，但办法中没有明确收集系统的模式，没有处理系统应达到的标准，政府没有监管办法，政府没有对餐厨垃圾处理的投资建设方案及运营方案。绝大部分城市餐厨垃圾的管理办法尚未制定，对餐厨垃圾的收集和处理处于空白状态。本小节对国内餐厨垃圾管理的法律法规、管理制度、政府职责及执法队伍建设方面指出不足之处。

3.4.1　国内餐厨垃圾管理的法律法规不健全

虽然在国家层面的《中华人民共和国固体废弃物污染防治法》和《中华人民共和国循环经济促进法》等法律涉及对餐厨垃圾的管理，但这些法律的规定都过于原则化，操作性不强。从目前我国社会的发展现状来看，经济发展迅速，人们外出就餐概率增加，餐厨垃圾产生量只增不减，为了美化城市环境，避免形成垃圾围城现象，在国家层面上将餐厨垃圾统一立法显得尤为必要。国家应该制定餐厨垃圾管理的具体细则，包括将餐厨垃圾的概念进行统一，对餐厨垃圾分类回收的主体、方式作出明确规定，对违反餐厨垃圾管理行为的惩罚标准作出规定。

近几年，餐厨垃圾产生量的增大引起了地方政府的重视，北京、上海、杭州、深圳、乌鲁木齐、宁波、苏州等城市根据各自实际相继颁布了餐厨垃圾的管理办法或法律法规，但是目前国家层面的《餐厨垃圾管理办法》尚未出台。地方性餐厨垃圾管理办法也存在诸多问题：出台城市为数不多，属于地方性法规的仅有《西宁市餐厨垃圾管理条例》；相应法律及政府规章实施年限短，未积累充分的管理经验；绝大多数城市的餐厨垃圾管理办法中虽然明文规定不法处理餐厨垃圾将被罚款，但配套的监管细则如罚款执行、罚款去向和用途却没有出台；同时，对餐厨垃圾资源化处理缺乏一个统一的技术标准。可以说，国内绝大多数城市的餐厨垃圾仍处在"无法可依"的状态，大量餐厨垃圾流向不明，出现了正规餐厨垃圾处理企业收集不到餐厨垃圾无以为继的局面。

由于各地饮食习惯的差异，导致餐厨垃圾的成分含量有所不同，所以，可以

"在贯彻统一的法律精神"的基础上，由各地环保部门起草本地生活垃圾分类管理与综合利用的实施细则，交由环保部批准备案实施；或者由环保部制定生活垃圾管理的实施办法，再由地方环保部门参考本地区情况出台细则。这就需要有一部统一的立法作为指导，各个地区再根据具体情况制定相应的法规。

3.4.2　餐厨垃圾管理的制度建构不健全

（1）餐厨垃圾分类收集机制有待完善

餐厨垃圾"三化"处理的一个重要前提是生活垃圾分类回收，餐厨垃圾可以分为废弃油脂和厨余垃圾，二者在源头、成分、处置方式上存在明显差别，所以对餐厨垃圾分类回收十分必要。但是由于目前我国对餐厨垃圾的管理尚未形成一个完整的体系，餐厨垃圾分类回收面临很多障碍，在《固体废弃物污染防治法》和《中国21世纪议程》中都提到要求垃圾分类的问题，但都偏向原则化，操作性较差。对于餐厨垃圾分类回收的实施细则还比较少。

另外，餐厨垃圾分类的奖惩规定还存在不足。在发达国家，对积极将餐厨垃圾分类的个人及单位实行奖励制度，而对没有将餐厨垃圾分类的单位或个人实行严厉的惩罚制度。例如在英国，如果餐饮单位将餐厨垃圾私自卖给不具有回收餐厨垃圾资格的企业，一旦发现，就会面临停业的惩罚。而在我国尚未形成这种鲜明的奖惩制度，这也是造成餐厨垃圾难以实现分类回收的原因之一。例如我国在北京、上海和杭州等城市设置了餐厨垃圾分类收集试点，但目前仅有广州市出台了《广州市城市生活垃圾分类管理暂行规定》，明文要求将生活垃圾分为四类（可回收物、餐厨垃圾、有害垃圾和其他垃圾），大多数家庭餐厨垃圾仍与其他生活垃圾混合堆放或者直接排入下水道，缺乏合理的分类收集措施。广州市越秀区南山街生活垃圾分类试点一年后，分类垃圾桶因无人维护而破损严重，仅有少数市民坚持垃圾分类，而有些环卫工人却把居民分类投放的生活垃圾进行混合运输。由于没有对分类收集好的单位或者是未做到分类回收的单位作出具体奖励或者惩罚的规定，导致单位和民众在餐厨垃圾分类方面缺乏执行力。

（2）餐厨垃圾管理产业化制度有待提升

一直以来，餐厨垃圾的管理一直被视为一种公益性事业，政府既是这项事业的投资者，又是这项事业的管理者，环卫部门既负责回收、运输餐厨垃圾，又负责对餐厨垃圾各项工作的监督，这种自我管理、自我监督的模式也可能造成餐厨垃圾得不到有效治理。餐厨垃圾管理制度需要进一步提升。

（3）餐厨垃圾管理中公众参与意识不强

社会公众的环境保护意识不够强也是餐厨垃圾难以分类回收的重要原因。在发达国家，几乎每个家庭都安装餐厨垃圾粉碎机，一些餐厨垃圾可以直接粉碎打入下水道，而且每个家庭会把家庭中产生的废弃油脂放入密封容器再扔进垃圾箱。而在我国没有形成餐厨垃圾是一种有用资源的认识，大多数人会将餐厨垃圾与生活垃圾一起扔进垃圾箱。

社会公众既是餐厨垃圾产生危害后的受害者，又是餐厨垃圾的制造者，完善餐厨垃圾中的公众参与制度，既可以充分增强公众的环境保护意识，又可以调动群众参与环境保护工作的积极性，自我检讨，自我反省，从自己做起，减少餐厨垃圾的产生。

虽然在地方层面上各地根据不同情况制定了餐厨垃圾的管理办法，但一些法规还不是太完善，使得民众无法具体执行。例如《西宁市餐厨垃圾管理办法》中规定，如果居民发现政府在处理餐厨垃圾时存在违法行为，可以拨打政府设立的举报热线来监督。而《西宁市餐厨垃圾管理办法》对于发生什么情况才可拨打热线、什么时间受理热线、拨打热线有无奖励都没有作出详细的规定，这样不会调动公众参与的积极性。同时，目前由于我国一些地方政府可能没太注意对环境的保护工作，没有投入太多的精力在餐厨垃圾管理方面，使得收集、运输餐厨垃圾的硬件设施及配套措施不够完善，这也会对民众分类投放、收集餐厨垃圾造成困难，这无疑会影响民众参与的积极性。另外，我国管理餐厨垃圾的工作对政府较为依赖，可能促使一些社会公众误认为餐厨垃圾的治理只能靠政府部门，很难意识到自身在减少餐厨垃圾产生量方面也有义务，无法积极地参与到餐厨垃圾管理的工作中来。

本 章 小 结

大量的餐厨垃圾一方面带来了环境污染和生态破坏，另一方面由于餐厨垃圾自身的特性，若加以合理利用，可以变废为宝成为有用的资源，这不仅可以减轻餐厨垃圾管理无序带来的环境污染，还可以缓解我国资源短缺的日益紧张局面，然而目前我国国家层面的关于餐厨垃圾的法规尚未出台，地方上对餐厨垃圾管理的法律法规、制度仍需完善，所以完善餐厨垃圾管理的法律法规显得尤为必要。应尽快制定出台城市餐厨垃圾处理和管理办法，明确餐厨垃圾范围、管理处置原则及组织管理体制，明确政府各个职能部门的职责、市场有偿运行机制及餐厨垃圾产生者的责任、义务等，使餐厨垃圾的治理步入法治化轨道。以"政府引导、统一管理、社会参与、市场化运作"的原则来指导餐厨垃圾管理，探索出符合中国国情的城市餐厨垃圾管理模式。

参 考 文 献

[1] 苗珍珍. 餐厨垃圾管理的法律对策研究 [D]. 济南：山东师范大学，2015.

[2] 胡新军，张敏，余俊锋，等. 中国餐厨垃圾处理的现状、问题和对策 [J]. 生态学报，2012，32（14）：4575-4584.

[3] 刘晓，刘晶昊，高海京. 我国餐厨垃圾管理体系解析及管理对策探讨 [J]. 环境卫生工程，2014，22（3）：46-48.

[4] 佚名. 生物质厌氧沼气利用行业分析——餐厨垃圾处理行业现状与发展前景 [C]. 全国餐厨垃圾处理污

染防治及最佳技术交流大会. 2012.

[5] 胡贵平,杨万,张广裕. 国内主要城市厨余垃圾处理进展 [J]. 城市管理与科技,2006,8（6）: 267-268.

[6] 严镝飞. 餐厨垃圾现行管理政策分析 [J]. 环境卫生工程,2010,18（3）: 32-35.

[7] 李湘洲. 发达国家餐厨垃圾回收利用经验及借鉴 [J]. 再生资源与循环经济,2012,5（8）: 40-44.

[8] 林宋. 餐厨垃圾处理关键技术与设备 [M]. 北京: 机械工业出版社,2013.

[9] 许晓杰,冯向鹏,张锋. 餐厨垃圾资源化处理技术 [M]. 北京: 化学工业出版社,2015.

[10] 李来庆. 餐厨垃圾资源化技术及设备 [M]. 北京: 化学工业出版社,2013.

[11] 李志,陆贻通. 谈上海市餐厨垃圾处理管理 [J]. 现代农业科技,2009,（6）: 256-257.

[12] 佚名. 中国餐厨垃圾处理行业分析报告 [R]. 郑州蓝德环保科技有限公司,2013.

[13] 邢汝明,吴文伟,王建民,等. 北京市餐厨垃圾管理对策探讨 [J]. 环境卫生工程,2006,14（6）: 58-61.

[14] 唐敏,熊强. 重庆城市餐厨垃圾管理对策的初步研究 [J]. 环境科学与管理,2007,32（2）: 11-13.

[15] 田华文. 中国城市生活垃圾管理政策的演变及未来走向 [J]. 城市问题,2015（8）: 82-89.

[16] 杨波,沈斐玲. 中小城市餐厨垃圾处理调查研究与对策分析——以河南省为例 [J]. 能源研究与信息, 2016,32（3）: 147-149.

第4章

餐厨垃圾的收集与储运

餐厨垃圾含水量在 80％ 以上，富含有机质，不仅容易腐败变质，产生强烈的刺激性气味，同时各种大量繁殖的腐败微生物也对环境造成危害。如果餐厨垃圾处理不及时，有可能造成病原微生物的传播，引发疾病的流行，因此作为垃圾综合管理系统的重要组成部分，垃圾收集运输工作在整个处理系统中占据着重要的位置，其关键作用不容忽视。另外，部分城市的垃圾收集运输系统所支出的费用在整个垃圾综合处理系统中的占比很高。因此，建立一个高效、有序的餐厨垃圾收运系统，在整个餐厨垃圾管理体系中起着至关重要的作用。本章主要从我国城市餐厨垃圾收集和运输系统的发展情况、餐厨垃圾收集储运模式原则和餐厨垃圾的储运装置等三个方面展开介绍。

4.1 中国城市餐厨垃圾收集和运输系统的发展情况

世界城市化发展的经验表明，城市化的进程可分为起步、加速和成熟三个阶段，其中城市化率从 30％ 到 79％ 的过程是城市化的加速阶段。目前，我国的城市化正处于加速发展过程中。随着我国经济社会的高速发展和城市化进程的加快，城镇人民生活水平不断提高，生活垃圾产量也随之剧增，"垃圾围城"的问题不断出现，城镇生活垃圾处理的压力巨大。城市生活垃圾的收集、运输与处理成为急需合理解决的棘手问题。据了解，目前有 2/3 的城市处于垃圾包围之中，1/4 的城市已经无垃圾填埋堆放场地。全国城市垃圾堆存累计侵占土地超过 5 亿平方米，每年的经济损失高达 300 亿元。而餐厨垃圾占生活垃圾中的比例较高。餐厨垃圾在处理流程中具有运输难、分类难的特点。运输难主要表现为体积大、运力不足、道路遗撒等。遗撒、泄漏、臭味等问题长期以来都是垃圾运输中的顽症，尤其餐厨垃圾状态复杂，平均含水量＞85％，这些现象更为常见，严重影响环境卫生，尤其是在夏季，还容易滋生细菌。分类难是由于餐厨垃圾具有含水量大、杂质多及状态复杂等特点，造成分类再利用难度大。

现代城市的道路及功能区划越来越复杂，随着城市的不断扩张，需要收运垃圾的区域也越来越大。然而在我国的餐厨垃圾管理体系建设中，可能长期以来的工作重点大都在末端治理上，容易忽视对餐厨垃圾收运方面的研究，餐厨垃圾收运方面的研究可能相对滞后，缺乏系统的规划和管理体系；有些地方运输工具相对落后，还在使用手推车、拖拉机、摩托车等运输工具。同时在实际操作过程中，由于参照发达国家的一些经验，容易忽略我国城市的特点，尤其是市区的特点（城镇中心人口密度大、居住拥挤、餐馆众多，高油脂、高盐分的火锅潲水随处可见），使得前端收集容器、垃圾转运站选址可能不太合理，建设规模不匹配，餐厨垃圾收运设备密闭性较差，收运路线设计不太合理，多种运输方式并存（水运、陆运、机械运输、人力清运等），从而导致转运能力不足，经济性较差，并增加了周边交通压力。"洒、落、抛、滴"等现象普遍存在，导致在餐厨垃圾清运过程中垃圾与人群接触概率很大，餐厨垃圾中含有的一些对人体有毒、有害的化学物质或微生物，可能威胁到工作人员及居民的身体健康。餐厨垃圾收运系统作为与居民生活密切联系的一部分，其高效运行对于城市地区的餐厨垃圾处理系统的正常运营起着至关重要的作用。随着城市居民对生活质量及环境质量关注度的提升，人们对城市生活垃圾收运系统的要求也在逐步提高。

餐厨垃圾处置不当会对环境产生严重的后果，但是如果能够将餐厨垃圾单独收集后，将其所含资源回收，不仅可以有效实现餐厨垃圾的分类收集，缓解生活垃圾处理的压力，而且可以充分利用餐厨垃圾中的资源，减少餐厨垃圾暂存、收运等过程中产生的环境问题。环境资源专家认为，垃圾分类处理是对传统垃圾处理方式的革新，是一种相对比较科学的管理方法。当下人们正面临日益增加的垃圾产量和生存环境状态逐渐恶化的窘境，通过分类管理，实现餐厨垃圾资源最大程度的二次利用，以降低餐厨垃圾错误处置的占比与数量，提高变废为宝的利用率，符合资源节约型和环境友好型社会的建设目标，提高人们的生活质量。虽然国内已经开始推行垃圾分类收集，但是还是没有有效解决餐厨垃圾单独收运问题，我国城镇居民生活产生的餐厨垃圾仍然是以与其他生活垃圾混合收集为主。因此，各大中城市迫切地需要一套行之有效的餐厨垃圾收运系统。

随着人们环境保护意识的不断提高，对垃圾的分类处理必然成为趋势。餐厨垃圾分类收集处理正分步探索。现在国内一些大型城市在对待垃圾处理的问题上态度都非常明确，就是一定要走专业化、制度化、环保化的道路。2010年以来国家出台一系列政策文件，积极支持餐厨垃圾无害化处理，加强污染防治。比如国家制定了《餐厨垃圾处理技术规范》（征求意见稿），全国征集餐厨垃圾处理试点项目也正在展开。全国已有20多个城市相继出台了餐厨垃圾管理办法，并建设了餐厨垃处理设施。为缓解垃圾处理难所带来的社会问题，众多城市已经向城市居民和城市暂住人口按户或按人征收生活垃圾处理费，所征费用全部用于支付生活垃圾收集、运输和处理。而政府也对垃圾处理企业制定了多方面的税收优惠政策，包括对垃圾处理企业按量给予补贴和实施所得税三免三减半等。近年来，在各级政府和城市环卫部门的共同努力下，我国城市垃圾处理工作不断取得新进展。在城市不断发展、城市建设进程不断加快的同时，餐饮垃圾的处理问题和矛盾已经成为全社会共同关注的焦点。目前，在餐厨垃圾单独收集处理方面已涌现出一批专业企业。

在未来城市化的发展过程中，社会将会大量需要用于餐饮垃圾收集和处理的专用车辆和专用设备。这对专用汽车企业来说是机遇也是挑战。生活垃圾收集处理给专用汽车市场带来了巨大的产品细分机遇。垃圾运输车中的餐厨垃圾车未来的市场需求量非常大，具有很好的发展前景。专用汽车企业应更深层次地了解相关餐厨垃圾车的政策导向、产品信息、市场需求信息等，制造出更多更好的符合我国城市发展实际使用需要的新型餐厨垃圾车。因此，众多的专用汽车生产经营企业如果能把握这个有利时机，解决餐厨垃圾车产品技术上的各项难题，那么在城市餐厨垃圾处理这片天地中、在同行业兄弟企业中将会占有有利的竞争优势。

4.2 餐厨垃圾收集储运模式与原则

4.2.1 分类收集

目前我国城市道路旁垃圾筒的垃圾收集主要分为两类：一类是可回收垃圾；另一类是不可回收垃圾。有的地区多分出一类——有害垃圾，但效果很不好。我国垃圾分类还没有真正进入家庭，家庭里面一般使用的都是一个垃圾桶，什么垃圾都装在一个垃圾桶里。

（1）分类收集存在的问题

就目前现状看，仅就分类收集方面，我国存在以下问题。

① 生活垃圾源头分类难度大、效果差。居民区内餐厨垃圾分类收集是实现后续流程的基础，其效果依赖于居民的主观能动性，在居民区内设置多个分类垃圾容器并按类别丢弃垃圾的分类收集方式与目前我国居民的居住条件和生活习惯有较大差距，改变固有的生活习惯是一个漫长的过程，因此目前生活垃圾源头分类效果难以满足后续处理处置的要求。

② 收运过程管理可能落实不到位，存在已分类垃圾二次混合的问题。

③ 由于现有源头分类收集的方式效果较差，导致餐厨垃圾在处理厂（站）内的二次分拣工作量大、技术难度高、分拣效率低等问题。

④ 餐厨垃圾在收集和存放过程中存在漏液和散发臭气等问题，大大影响居住

环境卫生。

（2）垃圾分类方法

对城市垃圾该如何分类，该分为几类以及分类后如何处理，分类后收集、运输和处理之间是否能衔接起来，这是一系列系统的问题。

全球垃圾分类好的国家，分类的方法也不相同。

① 美国根据不同地点、不同季节产生的垃圾不同来分类。在学校、机关等地，垃圾桶分蓝色和绿色。凡纸类垃圾都放在蓝色桶里；而瓶子、罐头等都放在绿桶里。秋天落叶和圣诞购物季又有专门的回收方法。

② 日本垃圾分类比较细，可分 10 多类，每类都要标明。

③ 英国每家有 3 个垃圾箱：一个装普通生活垃圾；一个装花园及厨余垃圾；一个装玻璃瓶、易拉罐等。

我国垃圾分类的试点范围在逐步扩大。经过 10 多年的探索和尝试，对垃圾分类有了新的认识，人们逐渐认识到垃圾分类的特殊性和复杂性。一方面，垃圾分类是解决垃圾处理问题的基础；另一方面，垃圾分类不能代替垃圾处理设施建设。据了解，全国许多城市都在探索垃圾分类方法和模式，有的城市已经着手开展生活垃圾分类收集处理试点工作。例如，郑州市政府在 2009 年 5 月曾下发了一份关于垃圾处理办法的文件，文件中涉及了餐饮垃圾收集和运输的问题，但可能有些饭店不情愿餐饮垃圾集中收集处理。由此可以看出，城市的餐饮垃圾处理要进入系统化、规范化、程序化还需要一定的时间。

4.2.2　收集注意事项

加快城市生产生活垃圾运输与处理成为急需合理解决的棘手问题，这也为城市垃圾运输车（包括餐厨垃圾车）的发展提供了广阔的市场空间。目前我国大量垃圾的性质已经发生了很多变化，现有的垃圾处理技术已经不能解决这些问题，需要新的、更适合我国的垃圾处理技术和机械。发改委在《关于工程机械行业部分产品结构调整目录》中明确指出："随着城市化发展和城市文明建设的需要，城市垃圾处理成为城市环保工作的一项重大任务，努力发展城市垃圾处理设备制造业是当务之急。"

根据 2007 年 4 月 20 日发布的《城市生活垃圾管理办法》，宾馆、饭店、餐馆以及机关、院校等单位应当按照规定单独收集、存放本单位产生的餐厨垃圾，并交由符合本办法要求的城市生活垃圾收集、运输企业运至规定的城市生活垃圾处理场所；禁止随意倾倒、抛洒或者堆放城市生活垃圾；垃圾收集应当采用全密闭运输工具，并应当具有分类收集功能；垃圾运输应当采用全密闭自动卸载车辆，具有防臭味扩散、防遗撒、防渗沥液滴漏功能；安装行驶及装卸记录仪等。《城市生活垃圾管理办法》发布之后，全国许多省市分别下发了关于垃圾处理办法的文件，文件中都涉及了餐厨垃圾收集与运输的问题。

通过对城市餐厨垃圾处理市场的调查分析发现，关于城市餐厨垃圾车产品的推广与应用包含的以下若干问题应引起重视。

（1）餐厨垃圾车密封口的污水收集问题

这一问题即在运输或收集过程中不能造成二次污染的问题。在许多中小城市，现有运营的餐厨垃圾运输工具多为泔水桶或敞开式运输车。在运输过程中，由于密封不严或者根本没有密封设备，会出现泔水外流滴落到路面的情况，严重影响了市容市貌，对城市环境造成了再次污染。如果密封口向下，在密封口的开关长期使用的过程中，难免会出现液体滴落的情况。如果能改善这一情况（例如在密封口使用专门的液体收集容器），那么在长期使用的过程中就不会给路面及环境带来污染。

（2）收集方式的问题

发达国家如德国，采用的是吸入过程中直接粉碎的先进技术；韩国使用的是专用垃圾桶倾倒方式。但不论是倾倒式还是吸入式，都必须与相应的垃圾桶相配套。因此，我们可以看到，在生产餐厨垃圾车的同时，还有附加产品的开发空间。如果政府采购专用的餐厨垃圾车，那么必然也会需要大量的饭店泔水垃圾桶。

（3）收集容器的选择问题

收集容器的容积既要满足收集附近居民和企业的日常垃圾产量的需要，又不能超过1～3天的储留期，以防止垃圾发酵、腐败、滋生蚊蝇、散发臭味；密闭性收集容器要能防蚊蝇、防鼠、防恶臭和防雨雪，因此容器应该带盖，在倾倒垃圾后应该及时盖盖子，而且要防止收集过程中垃圾遗撒；为了防止收集容器内黏附垃圾，要经常用水冲刷容器，因此，垃圾收集容器内部应光滑易于洗刷，不残留黏附物质；其他收集容器还应操作方便、坚固耐用、外表美观、造价便宜、便于机械化清运。

收集容器的选择除考虑以上因素外，还需考虑居民、社会和环境等因素。由于垃圾桶一般设置在固定地点，供收集一个地段的垃圾，然后由专用车辆进行收集，在确定其放置位置时应注意：位置要固定，比较靠近住宅，以方便居民；比较靠近清运车经过的收集路线，利于垃圾的分类收集和机械化清除，不影响市容等要求；服务半径一般不应超过70m。

（4）餐厨垃圾车内压及排压问题

在运输过程中，特别是在天气炎热的情况下，泔水会产生大量气体，而这些气体会产生两个问题：一是如果气体不排出，那么会造成箱体内压力过大而无法向内吸入更多餐厨垃圾的情况，导致运输量减少、成本增高等情况；二是如果气体向外直接排放，那泔水造成的气体会给空气造成更严重的污染，影响人们的身体健康。如果专用汽车企业能够解决内压和排压的问题（例如可以使用清水过滤排气的方式），那么这些企业的产品必然会比同类产品更具有竞争优势。

4.2.3 垃圾收集的监控系统

为了加强城市餐厨垃圾管理，需要制定城市餐厨垃圾处置和管理办法，明确餐厨垃圾的范围、管理处置的原则、组织管理体制、各有关管理部门职责、市场有偿运行机制、餐饮业主的责任和义务等，对餐厨垃圾从产生源头、收运过程到后续处置进行全过程监管，实现依法管理。然而，到目前为止，当前餐厨垃圾管理中可能还存在收集无序、处置不规范的问题。大部分城市的餐厨垃圾尚未进行规范化管理，市政管理部门要实现对上门收集者进行跟踪和监管十分困难，无法确定其去向。为了加强对餐厨垃圾的规范管理与处理，对餐厨垃圾的收集装置实现监控和管理就显得尤为重要。因此，需要建立一个专业的餐厨垃圾收集队伍，才能实现对餐厨垃圾的规范管理与处理，从技术层面利用当前移动通信技术和 RFID 技术，构建一个垃圾监测系统显得尤为重要。结合当前应用广泛的移动通信技术和射频 ID 识别技术，并考虑到餐厨垃圾的特点，冯波团队研制出了一种智能餐厨垃圾收集桶，远程监控中心可实时了解其位置和状态信息，并对收集到的餐厨垃圾进行远程监测，可避免餐厨垃圾收集、运输过程中的不明去向等情况的发生。

在餐厨垃圾收集、运输过程中，关键在于实现对餐厨垃圾收集装置的跟踪与定位。一个智能餐厨垃圾收集装置，安装有 AGPS 定位模块、RFID 智能模块以及超声波测位仪等传感器部件，实现对餐厨垃圾收集装置中的泔水量进行实时监控并根据相应的情况提供提示报警信息。

餐厨垃圾收集装置包含泔水桶和承载小车两部分。其中泔水桶的容置腔是用于收集泔水的容器，并且容置腔上盖与泔水桶间设有锁合结构，能使上盖锁合在泔水桶上并保持泔水桶的密封。而承载小车的承载板下方设安装滚轮，承载板上方设有推把和将泔水桶固定的装置，泔水桶可稳定地放置在泔水桶的固定装置上。这样，工作人员可随意移动泔水桶的位置，方便泔水的收集。

在泔水桶上安装有智能控制系统，记录泔水桶的质量和编号等信息，通过锁合机构控制容置腔上盖的开启与闭合。该智能控制系统包括称重传感器、超声波物位测量模块、AGPS 模块、ID 卡系统、GPRS 通信模块、数据断电存储系统、电池电量监测系统、操作面板、电源等部分，如图 4-1 所示。

实际上，智能控制系统可安装在泔水桶或承载小车上，将锁合结构与控制单元连接，以便用电子钥匙打开锁闭的泔水桶，将通过远程通信模块，实时地将监测数据传送到远程监测控制中心。同时，泔水桶安装有射频标签，通过手持射频读写装置，可实现对泔水桶上盖的闭合控制。其他各主要功能模块的作用可描述如下。

泔水桶的智能控制系统需要多种硬件、软件的协同工作，需要一个嵌入式操作系统实现对硬件资源的数据采集与发送（如 GPRS 远程通信模块、GPS 定位数据的获取等），作为上层智能控制程序的底层支撑平台。这样，智能控制程序可作为嵌入式操作系统中的一个子程序实现对整个智能控制系统的监测与控制。

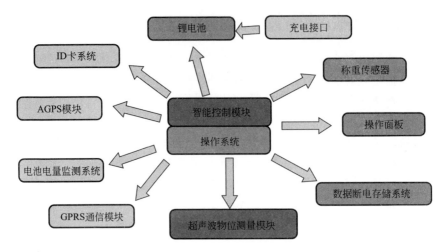

图 4-1　泔水桶上的智能控制系统

采用 uClinux 操作系统作为嵌入式远程控制端的软件平台，其源代码开放、内核小，非常适合在没有 MCU 的嵌入式微处理器上运行，并且操作系统具有强大的网络功能。同时，该操作系统也支持多任务并发运行，可采用多任务编程方法。这样，远程监控系统的每个功能可作为一个独立的任务来实现，这极大地增强了系统软件的可靠性、稳定性，也便于以后的维护和升级，并提供了图形用户接口（GUI），扩展了操作面板的控制按键。

作为嵌入式操作系统的一个子程序，通过操作系统的底层硬件支持，可实现对GPRS、AGPS、称重测量、超声波物位测量模块、电池状态监测模块、ID卡读卡器等模块的数据采集、远程通信。同时，作为智能控制系统中的控制指挥中心，通过扩展的操作面板提供了人机接口界面。

操作面板所有功能的实现均在这个嵌入式系统中实现，控制面板包括显示屏、上盖开关按钮、锁紧按钮、警示灯及扬声器，显示屏与所述智能控制模块连接，显示该智能泔水桶的各项数据，便于使用者观察。

采用称重传感器，可检测泔水桶中餐厨垃圾的重量，并结合超声波物位传感器，确定泔水桶中的餐厨垃圾重量，以避免超过泔水桶的负荷造成对泔水桶的损坏。称重传感器设置于泔水桶的底部，并将相关的检测信号输送至功能控制单元中。

ID卡系统安装在泔水桶上，用于实现对泔水桶上盖的锁合控制，即用作电子钥匙，并作为泔水桶的标志，当泔水桶盛满泔水被送往泔水收集处或者需要临时打开泔水桶时，通过射频ID标签对应配置的电子钥匙，直接打开被锁闭的泔水桶。

电池电量监测系统实际上是一个控制面板的小程序，可实时获得电池的电量信息，类似于笔记本中的电池管理软件，当电池电量小于特定的数值时，提供提示信息，并且远程的监控中心也可观察到其电量的变化。

采用超声波物位测量模块检测泔水桶内泔水物位，当泔水物位达到设定值时，锁闭泔水桶上盖。在收集人员将泔水倒入泔水桶收集的过程中，如果检测到泔水桶内的物位已经到达设定满物位的位置时，该泔水桶的上盖将锁闭，无法被打开。

泔水桶上安装有 AGPS 远程定位系统，可对泔水桶进行全程定位，防止泔水桶在收集和运输回收的整个过程当中出现丢失或失窃的情况；用于和远程控制中心的数据通信，将泔水桶的位置信息、重量、标志信息、电池电量等信息上传到远程控制中心，实现对泔水桶的实时跟踪与监测，避免其他意外情况的发生。为了避免意外断电，造成泔水桶相关数据信息的丢失，系统设有备用电池，在意外情况下提供特定时间的电量，将监测的泔水桶信息保存在其本身的存储器上，以待系统重启时，恢复监测到的数据信息。为泔水桶上的智能控制单元配置电源，可随时查询电量并即时提示，该电源既可采用蓄电池供电，也可采用常规电池充电。

利用 AGPS、射频 ID 和 GPRS 通信等技术，设计并实现了一个智能化的餐厨垃圾收集装置，可实时地将其相关的位置、重量等信息上传到远程控制中心，实现了对餐厨垃圾的跟踪和监控，减少了环卫管理部门的工作量，提高了管理效率，从而避免餐厨垃圾再次进入食品领域事件的发生。

4.3 餐厨垃圾储运装置

4.3.1 收集设备

垃圾的收集过程是指垃圾从居民或企业扔置于垃圾容器中开始，然后经收集工人上门收集后送至垃圾房或居民自己定时送至集中点或送至垃圾房。此过程一般涉及收集容器的选择、收集方式的确定和垃圾房性质等因素。

一般餐厨垃圾的收集过程由专门人员每天在一定时间内上门收集，用专用运输工具送至垃圾转运站，或垃圾产生部门自己将垃圾投入指定地点，由专人收集。装置垃圾的垃圾袋一般由居民自己提供或由环卫部门无偿提供或只收成本价，也可由环卫部门无偿提供垃圾收集小容器，居民定时将收集小容器送到固定地点，再换回另一只空小容器，轮换使用。之后，垃圾车将盛满垃圾的容器收集运走。餐厨垃圾收集系统流程如图 4-2 所示。

垃圾的收集容器是承装各类生活垃圾的专用器具。由于受到经济条件和生活习惯等各方面的制约，各国使用的收集容器种类、形状和材质有很大的区别。按材料的不同，可分为塑料容器、金属容器和复合材料容器等。按容积不同，可分为小型

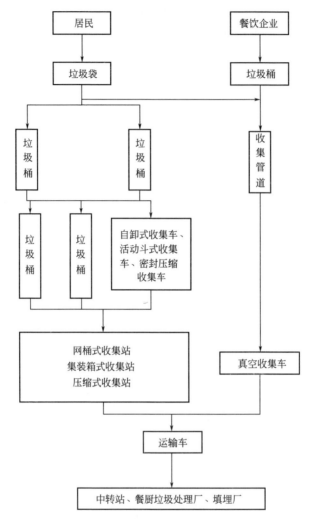

图 4-2　餐厨垃圾收集系统流程

容器、中型容器和大型容器。容积大于 3.0m³ 的称为大型容器，如集装箱容器；容积为 0.1~3.0m³ 的垃圾箱和垃圾桶称为中型容器，如圆桶式垃圾容器；容积小于 0.1m³ 的垃圾桶和垃圾箱称为小型容器，如家庭使用的垃圾容器等。垃圾容器的几种尺寸范围见表 4-1。按密封性能的不同，可分为开口容器和密封容器。按是否带有压缩装置，分为压实式垃圾容器和非压实式垃圾容器。按是否可移动，分为可移动式容器和固定式容器等。

　　垃圾桶是一种普遍使用的垃圾收集容器。按材质的不同，垃圾桶分为塑料材质和金属材质两种；按形状不同，垃圾桶可分为圆形、方形和倒梯形等；按材料不同，可分为塑料桶、金属桶和复合材料桶等。一般来说，塑料桶比金属桶耐用，而复合材料桶性能最好。由于垃圾污水具有很强的腐蚀性，所以金属桶很快就会生锈泄漏，近年来，使用塑料垃圾桶越来越普遍。表 4-2 即为和餐厨垃圾运输车配套的专用承装泔水的垃圾桶规格。

表 4-1　垃圾容器的几种尺寸范围

容器类型	材质	容积/m³		尺寸/m
		变化范围	额定值	
小型桶式容器	塑料、镀锌钢板、防水纸、塑料膜	0.07～0.16	0.11	直径 0.5，高 0.65
小型袋式容器		0.07～0.20	0.11	宽 0.4，厚 0.3，高 1.0
中型容器		0.8～8.0	3.0	宽 1.8，厚 1.1，高 1.6
大型开口容器		9.0～38	27	宽 2.5，高 1.8，长 6.5
带有压缩机械的大型密闭容器		15～30	20	宽 2.5，高 1.8，长 6.0
容器拖车		15～40	27	宽 2.3，高 3.6，长 6.8

表 4-2　专用承装泔水的垃圾桶规格

材质	规格/L	长度/mm	上部宽度/mm	底部宽度/mm	高度/mm	深度/mm	自重/kg	载重/kg	形状
塑料	90	550	485	417	855	770	7.8	35	倒梯形
	120	550	485	420	985	905	11.0	50	
	140	550	485	420	1090	1010	12.1	60	
	180	720	480	425	1100	1010	13.1	75	
	240	752	610	620	940	900	16.8	100	
钢	300	—	690	600	910	800	45	120	圆形
	280	960	460	460	885	685	79	110	长方形
	340	760	760	620	1000	800	63	130	方形

　　按生活垃圾来源、成分构成和目前的生活垃圾处理技术，垃圾分类容器可分为四种颜色：可回收物容器为蓝色，餐厨垃圾容器为绿色，其他垃圾容器为灰色，有害垃圾容器为红色。目前，餐厨垃圾容器为绿色的两轮移动垃圾桶。垃圾桶由高密度聚乙烯制成，按容积大小的不同分为 120L 或 240L 等不同体积的方形标准垃圾桶。餐厨垃圾产生后，由宾馆、食堂等产生单位将其放入方形标准垃圾桶内，在规定的时间内，由餐厨垃圾收运公司负责派车收运，收运车在自动提升装置的作用下，可以将垃圾桶内的垃圾自动倾倒入车，并将其清运至餐厨垃圾综合处理厂。

　　目前，大中城市餐厨垃圾的收运流程基本为：宾馆、食堂、餐厅标准桶—运输车—处理厂计量—卸料平台卸料—车辆清洗—再次收运。由于不同的餐饮单位规模不同，每天所产生餐厨垃圾的数量也不同。为了能够保证餐厨垃圾全部有效地收集，便于餐饮单位使用，两轮移动式餐厨垃圾桶有其独有的特点和不同的规格，规格见表 4-3。

表 4-3 两轮移动式餐厨垃圾桶规格

型号	MGB80	MGB120	MGB140	MGB240	MGB360
容量/L	80	120	140	360	360
质量/kg	9+1	10+1	12+1	15+1	23+1
装载能力/kg	40	50	60	100	150

　　两轮移动式餐厨垃圾桶盖填充严密，桶体不易变形；体与桶盖是100%高密度聚乙烯（HDPE）一次注模而成；抗热、防冻及耐酸、耐碱、耐腐蚀；所用原料熔化温度不低于120℃，燃点温度不低于350℃，软化温度不低于110℃，耐低温可达−20℃；桶身、箱口及底部特别加固，可以受各种外力，如碰撞、机械提升及坠落；可相互套叠，方便运输，节省空间与费用；广泛适用于各种环境，更可用于垃圾分类收集，如物业、环卫、工厂、餐饮等行业。

　　除此之外，还有其他类型的垃圾收集容器。各种类型的垃圾收集容器各具特色，可根据需要及环境条件合理选用，选用时必须满足：容积适度，可根据垃圾的产生量选择大小合适的垃圾桶，当天产生的垃圾要当天清走，以防垃圾变质发臭，污染环境；密封性好，容器应带盖，并易于开闭，最好有脚踩机构或自动盖；易于保洁，便于清洗，外形美观；易于机械化清运，坚固耐用，价格便宜。

4.3.2　转运站

　　垃圾转运站是将用中、小型垃圾收集运输车分散收集到的垃圾集中起来并借助于机械设备转运到大型垃圾运输车，最终运送至垃圾处理设施或垃圾处置场的过程。垃圾转运站是否设立的主要依据是运输距离，当运输距离超过20km的时候应该设置大中型转运站，运输距离越远设置转运站越划算。

　　在大、中城市通常设置多个转运站。根据《城市环境卫生设施规划标准》（GB/T 50337—2018），我国对公路转运站的一般要求如下：生活垃圾转运站宜靠近服务区域中心或生活垃圾产量多且交通运输方便的地方，不宜设在公共设施集中区域和靠近人流、车流集中地区。当生活垃圾运输距离超过经济运距且运输量较大时，宜在城市建成区以外设置二次转运站并可跨区域设置。采用非机动车收运方式时，生活垃圾转运站服务半径宜为0.4~1km；采用小型机动车收运方式时，其服务半径宜为2~4km；采用大、中型机动车收运的，可根据实际情况确定其服务范围。

　　转运站的选址除了应该符合城市总体规划和城市环境卫生行业规划的要求外，还应考虑下列六个因素：

　　① 应与目前的环境卫生管理体制和环卫作业方式相适应。

　　② 应设置在服务区域内的适中地点。

　　③ 应设置在道路条件较好、交通方便的地方。

④ 应设置在市政条件较好的地方。

⑤ 应设置在对当地卫生条件影响小的地方，一般应位于城市夏季主导风向的下风区，生活饮用水源的下游，靠近城市市区。

⑥ 应设置在对居民居住区影响小的地方。

4.3.3 运输工具

餐厨垃圾是固体垃圾的一种，具有有机质含量高、含水率高、易腐败等特点，这就对运输车辆提出了更高的要求。餐厨垃圾运输车辆要满足餐厨垃圾收集运输的卫生操作要求，并能够减轻工人劳动强度，使工人不直接接触餐厨垃圾，改善作业条件，减少餐厨垃圾收集运输过程中对环境的污染，同时还要避免由于餐厨垃圾收集而带来的交通拥挤，因此通常不选用普通的载重汽车来作为城市固体废物的收集运输车。

目前，我国使用的餐厨垃圾输送车是专用于收集、运输处理餐厨垃圾的一种垃圾环卫专用车，车上可选装餐厨垃圾固液分离功能的模块。其典型的工作流程为：桶装餐厨垃圾经车体输送带缓缓向上输送，在车顶部倒入车厢内（厢体有时分上下两腔，上腔为固体垃圾箱，下腔为沉淀水箱，用来装沉淀的油水混合物），被投放的垃圾经过压实，在罐体内实现固液分离，被分离的液体进入罐体底部的污水箱，固体垃圾被压缩储存在罐体内，体积变小，如此反复，待装满后送至餐厨垃圾资源优化处理厂。整个过程实现自动化，减少人力，操作简单。

装车速度和装车质量是餐厨垃圾运输的重要内容，可根据餐厨垃圾收集方法和清运方式来选择合适的装车形式。采用固体废物桶固定装车时，可选用配有提升机构的侧装式或顶装式固体废物车。装有垃圾装载机构的垃圾车，可提升 120L、240L 的标准垃圾桶，具有自动安全锁止装置，装入过程中桶内垃圾不溢撒、不遗留。垃圾桶在倾倒过程中需要具有调速功能，以防止垃圾喷溅。一些提升系统、上盖开闭系统具备顺序联动功能：上盖没有打开，推板无回位时，提升装置将不会工作，并发出警示，提升装置只有在确认上盖已打开、推板已回位的情况下才能开始进行垃圾的装载工作。

餐厨垃圾车具及设备的类型，与城市的经济、技术发展水平有关，与城市居民的环保意识、对环境质量的要求有关。一般垃圾运输设备分为短途运输设备和长途运输设备，短途运输设备能够方便在居民区和小街道活动，能适应当地城市居民区内的道路条件，所以一般小型运输机具多用于小区或非主干道的垃圾运输工作。20世纪 50 年代以后我国开始使用大型载重汽车来收集运输垃圾，这种大型垃圾运输车一般要求车厢密闭，防污水渗漏，要对车内垃圾进行压实等。由于各地传统习惯的差异和使用条件的不同，在国内外有许多种不同类型的垃圾收集车。按照我国国家标准《专用汽车和专用挂车术语、代号和编制方法》（GB/T 17350—2009）规定，垃圾收集车的类型有若干种，本书只选取有代表性的几种做说明。

（1）自卸式垃圾车

自卸式垃圾车如图 4-3 所示，是一种装备有液压举升机构，能将车厢倾斜一定角度，垃圾靠自重能自行卸下的专用自卸汽车。自卸式垃圾车的倾斜方向大部分是后倾式，也可以是其他倾式。

图 4-3　自卸式垃圾车

（2）自装卸式垃圾车

自装卸式垃圾车如图 4-4 所示，是以车辆自身配置的装置和动力，配合集装垃圾的定型容器（如垃圾桶等）自行将垃圾装入车厢，运转和倾卸的专用汽车。按进料方式可分为前装式、顶装式、侧装式等。

图 4-4　自装卸式垃圾车

（3）车厢可卸载式垃圾车

车厢可卸载式垃圾车如图 4-5 所示，为装备有液压装卸机构，能将专用车厢拖吊到车上或倾斜一定角度卸下垃圾，并能将车厢卸下，用于运输垃圾的专用自卸汽车。

（4）厨余垃圾车

厨余垃圾车如图 4-6 所示，该车主要用于收集转运宾馆、饭店、食堂等单位的饭菜剩水、泔水等餐厨垃圾。一般装备有自动装卸机构，而且车厢采用密闭式箱体，装载时，将泔水桶直接运送至箱体顶部倒空后卸下垃圾桶。

图 4-5　车厢可卸载式垃圾车

图 4-6　厨余垃圾车

　　垃圾收运车辆的选择一般可按垃圾成分、垃圾收集方式及城市道路情况等进行。对长途运输来说，车辆装载质量越小越不经济，因此在满足其他功能的前提下，在城市道路允许时，应尽可能选择大吨位收运车。

　　餐厨垃圾输送车根据其压实物料及卸料方式的不同，可以分为翻斗式餐厨垃圾车及推板式餐厨垃圾车两种。

(1) 翻斗式餐厨垃圾车

　　翻斗式餐厨垃圾车（图 4-7）是一种装备有液压举升机构，能将车厢倾斜一定

图 4-7　翻斗式餐厨垃圾车

角度，餐厨垃圾靠自重能自行卸下的专用自卸车。

翻斗式垃圾车是我国目前中小城市餐厨垃圾运输的主要车型，这种自卸车结构简单、性能稳定、实用性强、利用率较高，适用于小容量餐厨垃圾的运输。目前我国生产的翻斗式侧装垃圾车的装料口一般在车厢的前部，所以收集垃圾时，垃圾会聚集在车厢的前部，不能继续收集垃圾，为了将垃圾装满车厢，必须利用车厢的液压举升机构将车厢举升使之翻转（此时车厢后门关闭），让堆积在车厢前侧部位垃圾投入口附近的垃圾滑到车厢后部，使前部留出空间，继续接收提升机构倒入的垃圾。一般情况下，装满一车厢垃圾，需举升车厢3～4次。在卸料时，也是由车厢的液压举升机构翻转车厢，并打开车厢后门，车厢内压实后的餐厨垃圾依靠自重，从车厢内卸出。

（2）推板式餐厨垃圾车

推板式餐厨垃圾车（图4-8）是以车辆自身配置的装置和动力，配合集装垃圾的定型容器自行将垃圾装入车厢、转运和倾卸的专用餐厨垃圾输送车。

图4-8　推板式餐厨垃圾车

这种垃圾车的类型很多，比较常见，在该型餐厨垃圾车车厢内装有推板压实装置，也称压缩式侧装垃圾车，这类车辆的运行作业过程为：一是开始装载时，推板处于车厢端起始固定位置，当装载到一定程度时，投入口附近积聚垃圾增多；二是压缩开始，推板在液压缸作用下后移，将垃圾推到车厢后部；三是经过几次装载作业后，车厢内堆积一定垃圾量后，后部垃圾已明显被压实；四是车厢装满垃圾后，在垃圾处理场将垃圾车厢后门开启，厢内垃圾被推出车外。

一般，常见的推板式餐厨垃圾车性能如下：一是餐厨垃圾运输车可根据对垃圾装载量的不同要求，选用类型不同、装载质量不同的不同规格的底盘；二是承载餐厨垃圾的容器为圆罐体，有效容积达到90%，罐体内分上、下两层，下层为固液分离后污水收集箱，污水箱两头高，中间低，最低端设有出水口，以保证污水排放干净；三是餐厨垃圾装载由垃圾桶提升系统完成，该系统具有垃圾桶锁止结构，装卸安全可靠，且垃圾桶与垃圾投入口衔接好，保证装卸过程中餐厨垃圾不溢撒、不遗漏；四是垃圾投入口与推板之间有足够的距离，推板与罐体内表面设有密封装置，避免餐厨垃圾投入过程及分离过程中溢到推板后方；五是液压系统由泵、液压阀和顺序阀以及各种功能的液压油缸、高低压管路组成。关键部件可选用原装进口产品，保证产品工作可靠、安全。部分推板式餐厨垃圾车的主要技术参数见表 4-4。

表 4-4　部分推板式餐厨垃圾车的主要技术参数

项目	4m³ 罐体容积垃圾车参数	2.6m³ 罐体容积垃圾车参数	3.5m³ 罐体容积垃圾车参数	4.2m³ 罐体容积垃圾车参数
污水箱容积/L	300	—	330	—
罐体尺寸/mm	—	2800×1320×1080	—	1250×3000
装载质量/kg	3170	2100	—	2500
整备质量/kg		2270	3930	3160
满载质量/kg	7300	4500	5300	5790
前悬/后悬/mm	1015/1065	1015/1360	1015/1355	1015/1585
接近角/离去角/(°)	24/20	24/14	24/18	27/18.5
最高车速/(km/h)	100	98	98	100
装填作业时间/s	26	—	≤40	—
垃圾排除时间/s	30	—	≤45	—
底盘型号	NKR77LPACJAY	QL10508HARY	QL10508HARY	JX1060TG23
外形尺寸/mm	5440×1880×2450	5735×1860×2610	5730×1900×2230	5960×1920×2420
尾气排放标准	国Ⅲ	—	国Ⅲ	国Ⅲ

该垃圾车较为明显的优点是：结构简单，车厢内垃圾经压缩提高了装载量，车辆自重轻，降低了车辆的造价，使用时在节油、维修方面都充分显示出它的优点和经济性。

中联重科环卫机械公司成功研发了一种装载能力强、可靠性高和安全、操作方便、专用于餐厨垃圾收集的新型设备——中联牌 ZLJ5070ZCLE3 型餐厨垃圾车（图 4-9）。该车的问世，将为我国高效快捷地处置餐厨垃圾、最大程度地减少污

图 4-9　中联 ZLJ5070ZCLE3 型餐厨垃圾车

染、实现废弃物再利用和城市持续健康发展助一臂之力。

中联 ZLJ5070ZCLE3 型餐厨垃圾车是在吸收国内外多种同类产品优点的基础上，自主设计开发的一款高性能餐厨垃圾车。该车主要用于收集与转运餐饮业、宾馆、单位食堂等产生的餐厨垃圾，也可用于收集与转运居民小区生活垃圾。

该车的最大特点在于操控性能先进，且装载能力可达 3t 之多，整车综合性能达到国内同类产品先进水平。该车底盘配备采用增压中冷＋尾气处理技术的电控喷射柴油机，动力强劲，满足国Ⅲ排放标准。随车配置的高、低压清洗系统，可用于整车清洁及残留垃圾的清除。根据用户的不同需求，还可设计定位密封排放卸料和推挤卸料两种排放卸料方式。

该车还有两大创新亮点值得关注：一是采用行业首创的自动控制"投料"的独特方式，确保 120L（或 240L）标准垃圾桶内的高黏性餐厨垃圾能顺利卸下；二是拥有行业首创的独特的"密封排料"自动控制方式，确保密封排料时各机构动作能处于最佳配合状态。

目前，我国废弃物循环利用尚未形成健康、有效的运行体系，特别是餐厨垃圾没有被有效地再利用。"中联牌" ZLJ5070ZCLE3 型餐厨垃圾车一改传统的餐厨垃圾处理方式，减少了环境污染，促进了可回收资源的再利用，必将有力推动实现城市的资源节约、节能环保和可持续发展。

该车的主要配置及技术参数如表 4-5 所列，其具体性能与结构特点如下。一是超强的耐酸碱、耐腐蚀能力。主要构件箱体、后门体、螺旋机以及水箱等采用不锈钢制造，耐酸碱等腐蚀性物质能力强。二是超大装载量。垃圾箱容积达 $4.8m^3$，污水箱容积达 $0.42m^3$，该数值为行业中的佼佼者。同时，能实现箱内餐厨垃圾固液

表 4-5　中联 ZLJ5070ZCLE3 型餐厨垃圾车主要配置及技术参数

结构	配置及参数
底盘型号	NKRTTLLP ACJAY
发动机型号	4KH1-TC(庆铃柴油机)
发动机功率/kW	96(3400r/min)
总质量/kg	7300
装载质量/kg	2920(3250 简便型)
外形尺寸/mm	5775×2100×2410
轴距/mm	3360
最小转弯直径/m	13.6
垃圾箱容积/m^3	4.8
污水箱容积/m^3	0.42
清水箱容积/m^3	0.28
桶投料循环时间/s	≤32
排料作业循环时间/s	≤215(密封排料)/60(推挤排料)
控制方式	自动/手动

的初步分离和压缩减容。三是高密封性。垃圾箱与后门总成之间采用特制加强型橡胶条密封，密封性好，杜绝了二次污染。四是完善的清洗系统。既可使用由液压马达驱动的高压力、小流量清洗方式清洗整车，也可直接接消防水以大流量方式清洗箱体下部的污水箱。五是高可靠性与安全性。采用电、液联合控制，并设置了安全保护开关，保证了各机构动作准确、可靠。六是先进的电控系统。采用进口PLC（可编程序控制器）集成控制，控制电路在PLC内生成，并采用逻辑回路保证各操作指令按顺序执行，外部只有线路连接，降低了故障发生率，避免了误操作造成的事故，提高了可靠性；特别设置的紧急停止按钮可使各循环作业在任何状态或任何位置停止，保障作业人员、设备的安全。七是方便的操作控制。设置了"自动"与"手动"操作系统：自动控制为"投料""密封排料""推挤排料"循环动作，省去烦琐操作及减少误操作，使用十分顺手；手动控制为调试、维修提供极大方便。

餐厨垃圾运输车辆有以下发展趋势：一是装载质量大，以适应餐厨垃圾日益增多及集成式处理的趋势；二是加装餐厨垃圾容器提升装置，该装置可在驾驶室内控制，十分简便，只司机一个人就可完成全部收运工作；三是扩大餐厨垃圾进料口功能，由单容器进料发展到双容器和多容器进料，进料口高度也较低，便于容器的提升和翻转，从而节省燃料，提高进料效率，有的装有采用计算机控制的机械手，能将附近的餐厨垃圾收集容器拿过来倒入车厢内，装料灵活自如；四是装配适应餐厨垃圾性能的强力压缩布料装置，有效地提高车辆的有效载荷和运输效率，降低收运成本；五是整个装载运输过程实现封闭化，无污水泄漏及异味的散发；六是改善作业环境，如降低驾驶室门高度，方便司机上下；七是采用双侧驾驶系统，便于一个人驾驶和收运餐厨垃圾作业；八是采用自动变速器和冷热风装置，有效地改善劳动条件；九是采用以电池或沼气为能源的固体废物收运车，减少城市的空气污染等。

本 章 小 结

为有效解决餐厨垃圾收集、储存、运输问题，一个高效、有序的餐厨垃圾收运系统，在整个餐厨垃圾管理体系中起着至关重要的作用。一方面需要人们养成良好的垃圾分类收集习惯，从源头上使垃圾减量，提高垃圾运输的便捷度；另一方面也要加快餐厨垃圾收集储运设备的研发和使用，提高餐厨垃圾问题的解决效率。

参 考 文 献

[1] 黄文雄，刘畅. 餐厨垃圾处理现状与发展趋势 [J]. 建设科技，2008，(3)：90-92.

[2] 李鸿雁. 餐厨垃圾收集、运输、处理，迎来历史上最快发展时期 [J]. 商用汽车，2011，(20)：10-12.

[3] 王涛. 成都市餐厨垃圾收运系统及优化研究 [D]. 成都：西南交通大学，2010.

[4] 翁彩云. 福州城市餐厨垃圾推行干湿分类收集的方案探讨 [J]. 能源与环境，2014，(1)：9-10.

[5] 黄键，李荣安，杨斌. 关于加快引进和开发农村用垃圾转运车的研究 [J]. 专用汽车，2014，(1)：48-50.

[6] 苏达. 家庭日常餐厨垃圾分类处理器的设计开发 [J]. 人间，2016，222(27)：59.

[7] 冯波，殷柯柯，杨智灵，等. 采用 GPRS 技术的餐厨垃圾收集装置设计及实现 [J]. 科技传播，2012，(24)：168-169.

[8] 韩林. 垃圾分类催生城市餐厨垃圾车 [J]. 商用汽车新闻，2013，(31)：8.

[9] 王连龙，张博生，张术强. 推动垃圾分类探索生态文明校园建设新途径——北京市海淀区教育系统餐厨垃圾处理设施综合效益调研 [J]. 中国教育技术装备，2013，(5)：117-120.

[10] 刘栋伯. 加强城市餐厨垃圾分类收集管理实现餐厨垃圾资源利用 [N/OL]. 环卫科技网，[2013-05-21]. http：//www. cn-hw. net/html/7/201305/40058. html.

[11] 潘慧. 破解餐厨垃圾监管难题——论餐厨管理现状与技术应用 [N/OL]. 环卫科技网，[2014-03-06]. http：//www. cn-hw. net/html/sort066/201403/44596. html.

[12] 舒春亮，姜德光. 先进的 ZLJ5070ZCLE3 型餐厨垃圾车在中联问世 [J]. 商用汽车，2009，(7)：106.

[13] 佚名. 新型餐厨垃圾车自动升降智能报警 [J]. 专用汽车，2016，(1)：93.

[14] 周艳伟，易莹，孔伟，等. 一种餐厨垃圾的分类收集方法：，CN103624068A [P]，2014.

[15] 曹泽民. 一种将餐厨垃圾在源头减量及分类的设备：CN202185447U [P]，2012.

[16] 张韵. 中联重科餐厨垃圾车配套新研发出的餐厨垃圾处理系统 [J]. 商用汽车，2010，(S2)：52.

[17] 李来庆. 餐厨垃圾资源化技术及设备 [M]. 北京：化学工业出版社，2013.

第5章

餐厨垃圾预处理

从前面第 2 章餐厨垃圾的组分特点和已有的处理工艺技术分析可以看出，餐厨垃圾处理需尽可能地利用所含的高有机物，将其转化为能源或资源。现有技术工艺研究很多，也有不少成熟的工艺，但对于餐厨垃圾的规模处理，其过程主要还是受制于预处理过程以及制备出产品后的出路问题。因此，本章着重介绍了餐厨垃圾预处理工艺流程中的垃圾分选、垃圾破碎以及固液分离步骤，结合文献资料，提出餐厨垃圾预处理评价的 5 项指标：出料含油率、出料含砂量、有机质损失量、制浆粒径和粗油脂含水率。同时介绍了改良的新型餐厨垃圾预处理系统工程应用实例。

5.1 餐厨垃圾的分选

垃圾的分选是指根据物质的密度、粒度、磁性、弹性、光电性、摩擦性以及表面润湿性的差异，采用相应的手段将其分离的过程。针对餐饮垃圾和厨余垃圾进行预分选，其目的是将餐厨垃圾中的塑料袋、木块、玻璃和金属等不可降解物或对后续处理工艺产生不良影响的物质预先分离出来。这里的餐饮垃圾指餐馆、饭店、单位食堂等的饮食剩余物以及后厨的果蔬、肉食、油脂、面点等的加工过程废弃物；厨余垃圾指家庭日常生活中丢弃的果蔬及食物下脚料、剩菜剩饭、瓜果皮等易腐有机垃圾。

5.1.1 人工分选

人工分选是利用人力把尺寸较大的皮革、织物和无机废物从垃圾中挑选出来（图 5-1），以防止进入后续分选设备，造成堵塞、缠绕现象的发生。人工分选的位置一般集中在垃圾输送带两旁，可对一些无须进一步加工即可回用的物品进行直接回收，同时还可消除可能使后续处理系统发生事故的固体废物。对于餐厨垃圾来说，需要人工分选出来的物品主要是塑料瓶、酒瓶、易拉罐、抹布等易分离的物品。

图 5-1　人工分选

5.1.2　滚筒筛分

滚筒筛分是利用做回转运动的筒形筛体将固体废物按粒度进行分级，其筛面一般为编织网或打孔薄板，工作时筒形筛体倾斜安装。进入滚筒筛内的固体废物随筛体的转动做螺旋状的翻动，且向出料口方向移动，在重力作用下，粒度小于筛孔的固体废物透过筛孔而被筛下，大于筛孔的固体废物则在筛体底端排出。滚筒筛能将砂石等黏附在瓜果皮壳、塑料和包装物中的细小杂质去除。图 5-2 为一种小型垃圾一体化分选机。

图 5-2　一种小型垃圾一体化分选机

5.1.3　弹跳分选

弹跳分选是根据垃圾中各组分摩擦和碰撞系数的差异，在斜面上运动或与斜面碰撞弹跳时产生不同的运动速度和弹跳轨迹而实现组分分离的一种处理方法。弹跳分选机主要是利用垃圾的粒径大小与密度差别对垃圾进行分选处理，通过调整筛板倾斜角度、孔径以及主轴的转速以适应不同成分的物料分选。可将生活垃圾分为筛上轻质物、筛上重质物和筛下物三个部分，具体筛分程度见表 5-1。

表 5-1　弹跳分选的筛分程度

种类	粒径/mm	主要物质
筛上重质物	＞80	较大体积的有机物、有形状的塑料、硬质纸板制品、玻璃、铁质瓶子等
筛上轻质物	＞80	轻质薄膜塑料、薄纸类、织物有机质
筛下物	＜80	渣土石、有机质

5.1.4　风力分选

风力分选是以空气为分选介质的一种垃圾分选方式，其作用是将轻物料从较重物料中分离出来。风选的原理是气流将较轻的物料向上带走或从水平方向带向较远的地方，而重物料则由于上升气流不能支承而沉降，或由于惯性在水平方向抛出较近的距离。由于气流的作用，风力分选容易带走物料表面的水分，有利于物料烘干。

随着人们生活水平的提高，餐厨垃圾中有机物的含量显著增加，风选技术必然得到越来越广泛的应用，而我国在风选技术方面的发展还属于起步阶段，在参照国外技术的同时，我们应从我国国情出发，设计出适合我国餐厨垃圾成分的风选设备，从而实现垃圾的资源化和无害化处理。在此基础上还应注意降低运转成本、提高经济效益等各方面的问题。

5.1.5　红外分选

在餐厨垃圾分离出的硬质无机物中含有一定数量的碎玻璃，可通过红外鉴别分选的工艺回收。该工艺技术是一种利用物质表面光反射特性的不同而分离物料的方法。在红外分选机内，扫描系统对每块进入的物料进行鉴别，并通过分配器将玻璃分出。

分选的作用重点在于将后续处理工序需要处理的物料有效分离出来，并对此物料的粒径大小等进行预处理，从而达到后续运输和处理的要求。在进行预分选的基础上，可采用湿热处理、干热处理等生化预处理技术，将无机质和有机质进行有效分离，以利于后续生物技术处理等。分选主要以物理分离为主，分选前后，物料只有在形状、大小、质量等方面的改变，没有组分、成分等方面的改变。

5.2　餐厨垃圾破碎处理

5.2.1　餐厨垃圾破碎原理

物理破碎作为预处理步骤，目的是减小餐厨垃圾的粒径，方便后续处理。餐厨垃圾由于内含骨头、一次性筷子以及一些面巾纸，在进入装置前需通过破碎均质装置，从而提高后续工艺的流动性和连续性，但目前的破碎装置受到腐蚀和卡壳等现象的困扰。

因此，餐厨垃圾破碎的粒径可根据后续处理工艺的不同有所不同。如采用湿法厌氧消化，需将餐厨垃圾破碎至较小粒径，以利于提高物料的流动性。如采用干式厌氧工艺或者好氧生物处理工艺，则无须将餐厨垃圾破碎至太小粒径，以节省运行费用。

5.2.2　餐厨垃圾破碎设备

早在20世纪40年代，美国就已经成功地研制出家用餐厨垃圾处理器，通过高速旋转的刀片将装在研磨腔里的各种餐厨垃圾切碎后再将搅拌物冲入下水道，解决了餐厨垃圾倾倒和存放的烦恼。如今，美国90％以上的家庭使用这种机器，一些城市甚至强行规定每户家庭必须使用餐厨垃圾处理器。但是出于商业竞争的原因，美国的餐厨垃圾处理器的生产商对研究成果进行的技术交流很少。

日本也是较早推广使用餐厨垃圾处理器的国家之一。在日本，餐厨垃圾处理器的普及率达到了35％以上，与家用洗碗机、电磁加热器并称为日本家庭的"新三件"。松下、日立、三洋、东芝等知名电器公司都把餐厨垃圾处理器作为一项很有潜力的产品，投入一定的资金和人力进行研制与推广。

法国的瓦拉格公司开发出对餐厨垃圾进行甲烷化处理的工艺，只需三个星期就可以将餐厨垃圾变成肥料和沼气。该工艺的特点是能使餐厨垃圾与空气隔离，在厌氧环境下加速降解。

目前，国内只有一些中小型企业对餐厨垃圾破碎处理设备进行过粗略的研究，如江苏省某制造有限公司自行研制并开发生产的餐厨垃圾处理器，主要利用锤头在高速旋转时产生的惯性力将餐厨垃圾粉碎，再通过齿板与齿田的相对运动进行二次切割、研磨，粉碎后的颗粒冲入下水道，其主要着眼于餐厨垃圾的破碎排放，处理技术的成熟度还有待于提高。

勒仕餐厨垃圾处理器独家采用五层包装；双重紧固接口，永不漏水；快速锁紧装置安装方便；加强型碾磨刀盘，粉碎更彻底；不锈钢隔音罩，封闭式静音；采用绝缘外壳，使用更安全。

万家电器集团有限公司研制开发的万家型餐厨垃圾处理器，采用湿法厌氧发酵处理餐厨垃圾，将餐厨垃圾粉碎成细小的颗粒，进入排水系统，经短期发酵后形成淤泥状肥料。该方法仅局限于家庭内就地处理餐厨垃圾，所以处理规模小。

波西米亚餐厨垃圾处理器采用独特的二次粉碎技术，先在粉碎腔利用铸造刀头代替锋利的刀片把垃圾粉碎，再研磨成小于 4mm 的颗粒，排到下水道里去。随着电机的高速旋转加上水流的冲击，不但不会堵塞下水道，还能冲刷附着在管壁上的油泥。

北京中源创能公司的餐厨垃圾专用破碎机针对我国餐厨垃圾的特性而设计。该设备采用多轴式结构设计，通过动刀、定刀的独特设计与巧妙组合，有效提高餐厨垃圾的破碎效果。设备采用的刀片为特种材质制作，具有超耐磨、高硬度等特性，设备坚固耐用，可以在较为恶劣的环境中工作。北京中源创能公司开发的餐厨垃圾专用破碎机有多种型号、不同的规格，可以很好地配合其他设备一起使用。其结构特点：独特的低速高扭矩剪切式结构，同步实现破碎与撕碎功能；独特的刀具结构，确保餐厨垃圾高效破碎和复杂的物料组成。

5.3 固液分离

通过对部分餐厨垃圾进行监测分析发现餐厨垃圾富含有机物，固相部分其脂肪含量一般在 16%，纤维素和蛋白质含量分别在 0.9%、17% 左右，还原糖含量则一般少于 10%；液相成分主要是水和废油脂的混合物。与其他垃圾相比，餐厨垃圾的特性表现在：含水率高；存在大量易腐有机物，其固相成分中有机质含量在 90% 以上；油类（1%～3%）和盐类物质（0.8%～1.5%）含量偏高；营养价值丰富；组成相对较简单，有毒有害物质（如重金属等）含量少等。

针对餐厨垃圾的组分特点和已有的工艺分析可以看出，餐厨垃圾处理需尽可能地利用所含的高有机物，将其转化为能源或资源。现有技术工艺研究很多，也有不少成熟的工艺，但对于餐厨垃圾的规模处理，其过程主要还是受制于预处理过程以及制备出产品后的出路问题。因此，我们认为需结合餐厨垃圾的特点，强化前端的破碎、脱水、脱油和杀菌处理，选择合适的后续工艺，通过试点示范来解决餐厨垃圾的出路问题。

5.3.1 脱水处理

脱水可有效降低餐厨垃圾含水率，减小垃圾体积，节约垃圾运输和后续处理成本，是餐厨垃圾快速减量的最直接手段。餐厨垃圾中包括大量易脱除的自由水和存在于胶体颗粒细隙和毛细管中的间歇水，也包括由淀粉、蛋白质等胶体颗粒表面张力作用而吸附的结合水，根据脱水的难易程度，宜对前者利用重力、离心力等机械方式去除，后者由于直接脱除较为困难，通过加热等方式脱除。

常用的机械脱水主要采用螺旋挤压或离心等脱水技术，经处理后的含水率基本在75%以上，不能满足后续堆肥含水率60%和焚烧3350kJ/kg热值的要求，而且对于挤压和离心产生的污水需额外处理，不能完全达到餐厨垃圾预处理的目的。

因此，人们开始探究湿热处理的方法。热干燥技术在餐厨垃圾脱水中得到应用。任连海等发现，湿热处理初期，垃圾脱水率下降，加热40min后，脱水率开始上升，且温度越高，上升越快，在180℃下加热100min时达到最高；李永青等考察了不同温度（60～100℃）对2种餐厨垃圾在热风干燥过程中水分变化规律的影响，温度越高，所需时间越短。也有采用微波加热来干燥餐厨垃圾的，实现内外同时高效加热及杀菌等功效。郭涛等比较了蒸煮、酶解、挤压对餐厨垃圾水分去除的作用，发现蒸煮可破坏垃圾内部组织结构，促使水存在形态发生变化，同时使固体大颗粒裂解成小颗粒，增大水分和热量传递比表面积，释放颗粒内部水，加速水分扩散而脱水，且在温度为160℃，时间控制为30min时，脱水率达到43.4%。

5.3.2 脱油脂

餐厨垃圾中油脂以悬浮油、乳化油、分散油和固相内部油脂为存在形式的植物油为主，与矿物油相比，其多为脂肪酸甘油三酯，极性更强，不易与水分离。重力分离是油脂分离的主要工艺，有研究者发展了采用重力-气浮式油水分离联用技术，以高压蒸汽为热源，并将高压蒸汽用于气浮分离法所需的微气泡，从而提高了分离效率。

任连海等讨论了湿热处理对脱油性能的影响，发现餐厨垃圾脱油性能随温度上升和加热时间延长呈上升趋势。在100～120℃时加热20～100min，脱油性能持续增强；140℃下加热60min后，脱油性能不再变化；160℃下加热80min，脱油性能达到最佳，单位垃圾可浮油含量为131.7mL；继续升高温度或延长加热时间，则改变脂质化学组分，从而降低了油脂回收得率。

郭涛等也发现，随着脱水率的增加，餐厨垃圾在蒸煮后，其固相中油脂含量同步降低，当蒸煮锅在温度160℃，时间为30min时，固相中油脂含量为20.1%；当选用纤维素酶加量为5%（酶与原料的总质量比），温度40℃，时间20min时，固相中脂肪含量最低达到15.8%，再加上30MPa挤压机联用，固相中油脂含量可降低到8.7%。因此，在脱油脂的过程中有效地加入热处理的方法，可极大提高效率，如采用湿热-重力法和湿热-离心法。相比之下，湿热-离心法对废油脂分离度更高，并随着温度升高和加热时间延长而提高脱油性能，发现在120℃下湿热处理80min，离心转速2500r/min时，餐厨垃圾固相内部油脂液化浸出效果最佳。

5.4 餐厨垃圾预处理评价指标

目前餐厨垃圾预处理没有较统一的技术，各专业公司均采用各自的专利设备和技术路线，难以与单个设备单元进行比较，只能通过预处理后物料或产品的性质来判断处理效果。然而，不同城市的垃圾性质差距较大，因此，采用去除率、油脂回收量这类评价参数无法准确表征处理效果。因此，本小节根据工程师季永飞在《餐厨垃圾厌氧消化的预处理评价指标探讨》中提到的出料含油率、出料含砂量、有机质损失量、制浆粒径和粗油脂含水率这 5 个指标来表征预处理的效果。

5.4.1 出料含油率

油脂特别是动物性油脂含量的增加会增大产气量。李小建等研究表明，处理未隔油餐厨垃圾滤液 800mL、隔油处理后餐厨垃圾滤液 800mL 的产气总量分别为 84357mL 和 55539mL。然而，有研究表明：油脂含量过高，当油脂的负荷大于 $1.59kg/(m^3 \cdot d)$ 时会产生积累，形成"油粒"和"油泥"，同时包裹了部分微生物，阻断了油脂与微生物的接触途径，减少有效微生物的量。按上述数据估算，100t/d 餐厨垃圾预处理后进入厌氧前约 130t/d，按中温厌氧 25d 停留时间计算，能够耐受的进料含油量为 42.8kg/t（4.3%）。

王巧玲等研究表明，在 35℃ 条件下，不同含油量（0%、1%、2%、3%、4%、5%）餐厨垃圾中温厌氧消化过程中，5% 含油量餐厨垃圾厌氧发酵累计产气量最大。因此，在不考虑油脂可能导致管道堵塞的前提下，未经提油的餐厨垃圾来料也能够满足上述要求。从经济性上考虑，油脂若通过能量转换后形成的沼气作为产品，转化过程存在能量损失，并且沼气最终利用途径不同，其价值差距较大，可以根据实际情况进行核算。但在目前项目运行中，由于动物油脂凝固点高，若不采用管道伴热、保温等措施，容易出现堵塞的情况。加之厌氧消化罐体在工业运用中混合搅拌的效果难以和实验室小试相比，同时，避免厌氧罐体上部结壳也是需要考虑的重要因素。因此，在预处理阶段尽可能地提油作为粗油脂销售是目前常用的技术路线。经过三相分离机提油后，浆料含油率可以从 2%～4% 降至 0.2% 以下（满足 CJJ 184—2012 中油脂收集率大于 90% 的规定）。因此，该指标设定为 0.2% 以下，既消除了来料含量不同带来的影响，工程上也可以实现。

5.4.2 出料含砂量

餐厨垃圾含砂量较高，特别是海边城市的贝壳类杂质，经前端破碎后增加了浆料的含砂量。大量砂砾进入没有底部连续排渣的消化池，可能挤占库容，造成水力短流，阻碍排泥，影响搅拌效果，进而影响产气率。因此，在预处理阶段需要尽可能地除砂，保证厌氧发酵的正常运行。规范推荐分选后不可降解有机物小于5%，本书认为应该更低为好，控制在0.5%为宜，实践证明通过一级或多级除砂是可以实现的。

5.4.3 有机质损失量

若只追求预处理出料的高纯度，前端就会难免以损失有机物为代价（即降低回收率）。表征筛分效果的指标有3个：纯度、回收率、综合分选效率。纯度是指筛分后有机物的含量占总质量的百分比；回收率是指筛分后有机物的量占原料中有机物量的百分比；综合分选效率则是结合了上述2个因素的综合评价指标。5.4.2中的出料含砂量即是纯度的评价指标，有机质损失量反映了回收率，二者均是表征预处理效果好坏的重要指标，但二者存在技术上的相互制约。因此，寻求一个合理的平衡点是总体技术经济的最优保证。目前尚无国家标准和充分的运行管理经验，参考某地方的推荐值为有机质损失量小于8%。

5.4.4 制浆粒径

浆料粒径的大小直接关系到厌氧消化过程的传质反应效率，推荐的制浆粒径以介于5~8mm为宜，该范围也符合现有预处理技术的可行性。

5.4.5 粗油脂含水率

粗油脂含水率应根据最终油脂回收企业的要求来定，品质的控制指标有含水率和酸值等。对含水率要求不同，对应的预处理提油工艺选择也就不同。指标测试可参考 GB 5009.236—2016《食品安全国家标准 动植物油脂水分及挥发物的测定》和 GB 5009.229—2016《食品安全国家标准 食品中酸价的测定》。

5.5 餐厨废弃物预处理系统工程实例

5.5.1 青岛天人环境股份有限公司新型餐厨垃圾预处理系统

青岛天人环境股份有限公司改良的新型餐厨垃圾预处理系统（图5-3），该系统主要是用于集中化处理餐厨垃圾系统，作为资源化利用的前端预处理，整个处理系统主要分为进料输送系统、水力洗浆系统、破碎分选系统、三相分离系统。整个系统中除分拣除杂系统中进行少量人工干预外，其余均实现自动控制操作。

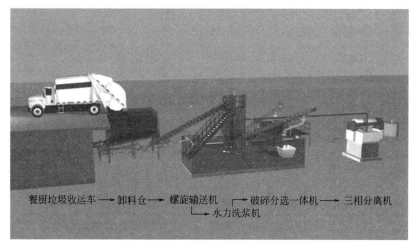

餐厨垃圾收运车 → 卸料仓 → 螺旋输送机 ┌→ 破碎分选一体机 → 三相分离机
                              └→ 水力洗浆机

图 5-3　餐厨垃圾预处理系统工艺流程

该预处理系统描述如下。

(1) 进料输送系统

进料输送系统的动作过程：餐厨垃圾首先由环卫集运车运至处置车间，经电子秤计量后倒入破袋输送机，再进入接料斗，同时将游离水沥干。接着由输送机将餐厨垃圾输送到水力洗浆机上。

进料系统的作用：将集运车运来的垃圾进行暂存、破袋及沥水输送，由于运来的餐厨垃圾中含有约 70% 的游离污水，这些高油量的污水如直接进入后道分拣系统，将会给后道分拣系统带来分拣难度，故在进料系统中就把这部分的污水沥去约80%，同时垃圾中有大量塑料袋包装的垃圾，这些塑料袋包装的垃圾进入后道分拣系统将无法进行分拣，故必须在卸料中将袋子破碎，以使袋中垃圾倾倒出来。

(2) 水力洗浆系统

物料由进料口进入除杂制浆机，通过传动轴及轴上的刀片，在高速旋转的离心力作用下进行餐厨垃圾中物料的破碎和分离；刀片和筒体的相互作用，使物料瞬间撞击、剪切、撕裂、破碎，并在离心力的作用下，塑料及其复合物、橡胶等物料具有柔韧性，不易被刀片破碎，由双轴旋转带动前进，同时，经过水洗，使塑料复合物质洗净、甩干，由出料口排出。浆液与粉碎的固体颗粒通过筛网流出筒体；大于筛孔的固体颗粒在刀片和筒体的继续撞击下，再次粉碎，直至粒度符合要求通过筛孔；浆状物通过浆状物出口流入储料罐。

(3) 破碎分选系统

该系统将物料进行粉碎，粉碎后的垃圾进入资源化利用系统。通过实践经验得知，在粉碎过程中，垃圾中的油脂随着粉碎程度的不同会乳化，故粉碎系统必须在固液分离的后道，粉碎的目的是将大的生物质垃圾粉碎后便于生化。接着将前道工序破碎好的垃圾进行分拣，分两道进行，即一级分拣和二级分拣。其中一级分拣的功能是将轻物质如塑料袋、塑料瓶等分拣出来，然后经过热水冲淋洗涤后输送至人工干预平台，同时将重物质如骨头、瓷碗等分离出来的垃圾经过热水洗涤后送入二级分拣台。二级分拣的功能是将重物质中的垃圾进一步进行大小分拣，最后将分拣后的大的垃圾（含有部分生物质）送入人工干预平台，达到进一步的分拣，小垃圾送入储罐进行固液分离。

（4）三相分离系统

为了便于后道工序的处理，同时最有效地将油脂从垃圾中分离出来，首先进行固液分离，经过分拣后的垃圾的固液相比为1∶10，分离出的液相和浮渣层进入三相分离机进一步提油。通过三相分离机的提取，便可得到含水率小于3%的粗油脂。三相分离机得到的固体渣外运处置，水相进入后续处理系统。

三相分离系统的作用是将前道工序中的垃圾游离水、冲淋洗涤用水全部集中到统一的水池中，然后经沉淀后的上清液使用机械方法在加热到40～80℃状态下进行油水分离，分离出来的油可进入后道精制工序，分离出来的水可直接进入沼气生化池进行生化处理或经过污水处理系统处理后作为中水回用。

餐厨垃圾中含有大量的水分，如果采用堆肥和制作饲料的方法，过多的水分会影响肥效或者饲料品质，并且消耗的能量较大。如果采用厌氧产沼气的方法，由于固态有机物较液态有机物难降解，在进入厌氧发酵罐之前，先对固态有机质进行预酸化可以减少后续厌氧消化的停留时间。所以无论采用哪种资源化利用的方法，都需通过压榨把大量的水和固体分离开来，同时也能提高餐厨垃圾中油的回收率等。

通过安装前端收集和预处理设备，使餐厨垃圾的油、水、渣三相分离，并通过密闭式环保运输，杜绝了传统模式所产生的运输环节的"跑、冒、滴、漏"现象。

该预处理系统总体效率和效果如下：
① 效率：杂质分离率≥95%，有机质损失率≤5%，油脂提取率≥95%；
② 能耗：预处理系统能耗8.95kW·h/t原料；
③ 效果：预处理后浆料粒径≤8mm，浆料TS可控制在5%～10%。
该预处理系统技术特点如下：
① 更稳定，轻、重杂质去除率达95%，原料耐受性强，故障率低；
② 更可靠，先重物质分离再破碎，设备磨损更小，后续除砂量低；
③ 更低耗，分选、破碎、制浆三合一，流程简短实用，能耗更低；
④ 更智能，一键启动，联机保护，智能报警，可做自动感应启停。

5.5.2 南宫餐厨垃圾处理厂预处理工艺

南宫餐厨垃圾处理厂根据餐厨垃圾的含水量大、有机物含量高等特点，采用经预处理后与可堆肥生活垃圾混合堆肥的处理工艺。

2014年，南宫餐厨垃圾处理厂预处理升级改造，采用"滤水＋破袋＋筛分＋

挤压脱水"工艺，配合除臭措施、伴热和渗滤液收集过滤等措施，处理能力达到400t/d。具体工艺如下。

（1）滤水、破袋

进厂餐厨垃圾主要来自各大饭店，收集车运送的餐厨垃圾首先通过料斗倾倒至链板输送机上。在链板输送机的输送过程中，餐厨垃圾中的游离水分通过链板的板面孔隙（3mm）流入渗滤液坑中。

物料在链板输送机1作用下进入下一级链板输送，链板输送机1、2顶端均安装有破袋装置，输送过程中对垃圾袋和其他袋装包裹进行破袋处理。具体工艺流程如图5-4所示。

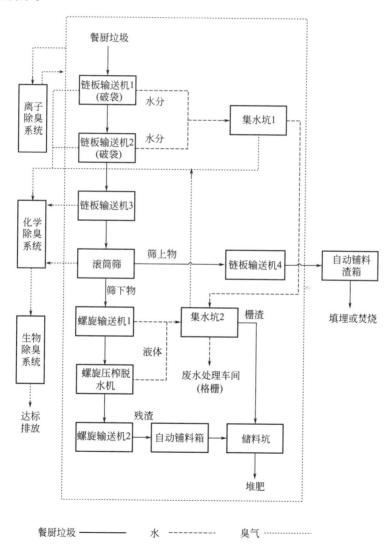

图 5-4　餐厨垃圾预处理工艺流程图

（2）筛分、脱水

两级链板输送和破袋后，餐厨垃圾通过链板输送机 3 进入滚筒筛中进行垃圾分选。滚筒筛中螺旋线设置破袋刀，对物料中相对小的袋子进行破袋，将袋中物料散落，再通过滚筒筛的孔径筛分（筛分孔径 70mm）将大片塑料袋、布等大粒径杂物分离。塑料等筛上物由链板输送机 4 输送到自动铺料渣箱中，最后进行填埋或焚烧。滚筒筛下放置一 U 形螺旋输送机 1，对接物料，将筛下物输送进入到螺旋压榨脱水机中进行脱水处理。脱水后物料直接由螺旋输送机 2 输送至自动铺料箱中，最终经称重后进行堆肥发酵。

（3）餐厨残渣处理

餐厨残渣经称重后卸料至南宫堆肥厂指定区域，添加菌剂，降低油分，加速有机物的降解。因为餐厨残渣的有机物含量和含水量较高，用铲车将餐厨残渣与含水率较低的可堆肥生活垃圾按照一定比例进行混合搅拌，使混合后的物料具有适合隧道发酵的结构和含水率，以便达到更好的堆肥效果。

南宫餐厨垃圾处理厂的预处理工艺运行效果如下：

① 预处理系统沥出液比例较高，利于后端分选；

② 筛分后，筛下物呈粥状，有机物含量高，杂质含量低；

③ 因餐厨垃圾黏度较大，大块塑料在筛分过程中容易裹住有机物，导致筛上物有机物含量仍较高。

5.5.3 泰安市餐厨废弃物无害化处理和资源化项目

泰安市餐厨废弃物无害化处理和资源化利用项目，是国家发改委批准的餐厨废弃物资源化利用和无害化处理的第二批试点城市项目，位于泰安市岱岳区产业园内，占地 20 亩。

项目采用"预处理＋油水分离＋中温厌氧"工艺，日产沼气 5850m³，是由青岛天人环境股份有限公司以 EPC 方式总包建设，由北京中科洁能环境工程技术有限公司采用 PPP 模式投资。

据了解，泰安市在对不同处理工艺和技术进行比较的基础上，最终确定与现在运行的垃圾焚烧发电项目结合，采用"预处理＋厌氧发酵＋沼气利用"工艺，对餐厨垃圾进行资源化利用和无害化处理。

餐厨垃圾处理产生的沼气可以就近直接进入垃圾焚烧厂，进行焚烧发电，克服了沼气气质差、不稳定等因素，降低运行成本；餐厨垃圾处理后的残渣、废液可利用现有填埋、渗滤液处理设施进行处理。

自运行以来，项目累计处理餐厨垃圾 2.46 万多吨，产生沼气 205.21 万多立方米，处理沼渣 9177.47t、沼液 1.88 万多吨、油脂 483.73t。目前，项目每日收集处理餐厨废弃物数量已达到 100t，取得了显著的环境效益和社会效益。

5.5.4 安顺市餐厨废弃物无害化处理和资源化项目

安顺市餐厨废弃物无害化处理和资源化项目采用青岛天人环境股份有限公司改良的新型餐厨垃圾预处理系统。其总投资 1.25 亿的安顺市餐厨垃圾综合利用和无害化处理工程一期在 2015 年 10 月初投入使用，日处理餐厨垃圾量可达 50t。

餐厨垃圾到餐厨垃圾处理厂后，要先把垃圾中的油提出，作为粗油加工成生物柴油。剩下的废渣放入两个 3800m³ 的发酵罐中。经过 30 多天的发酵后，沼气回收精制为天然气，可应用于出租车、公交车、工业行业。此外，餐厨垃圾处理厂产出的沼渣、沼液等则主要作为有机肥，应用于农业生产、蔬菜种植当中。

本 章 小 结

餐厨垃圾是放错地方的资源，餐厨垃圾处理的预处理环节是餐厨垃圾处理项目的"咽喉"工程，采用合理的预处理工艺，能提高餐厨垃圾的资源化利用程度，实现减量化。合理的预处理工艺是一种运行稳定、可靠、投资少、自动化程度高、经过不断改进的成熟可靠的工艺路线。随着国家对餐厨垃圾处理的高度重视，餐厨垃圾分类体系会逐步完善，在全国各地建立餐厨垃圾资源化利用系统势在必行。

餐厨垃圾处理项目的实施有利于城市环境的改善，可保证餐厨垃圾得到合理处置，避免再次进入人们的餐桌，保证了食品安全。餐厨垃圾处理技术尚属摸索尝试阶段，受前端餐厨垃圾收运体系影响大。建议完善餐厨垃圾收运系统，政府给予合理补偿、加强资金监管，以激励企业进行技术创新。

参 考 文 献

[1] 史红钻. 简述餐厨垃圾资源化利用的预处理系统 [J]. 资源节约与环保, 2013, (7): 255-256.

[2] 刘家燕, 赵爽, 姜伟立, 等. 餐厨垃圾厌氧消化处理技术工程应用 [J]. 环境科技, 2016, 29 (5): 43-46.

[3] 季永飞, 肖伟, 周永纯, 等. 餐厨垃圾厌氧消化的预处理评价指标探讨 [J]. 环境卫生工程, 2016, 24 (5): 52-53.

[4] 陈今朝, 宋强. 风力分选垃圾技术的探讨 [J]. 中国资源综合利用, 2009, 27 (3): 26-27.

[5] 郑芬芳. 餐厨垃圾处理器的改良设计 [D]. 天津: 天津科技大学, 2014.

[6] 沈剑山, 颜晓英, 蒋宏华. 餐厨垃圾厌氧消化及综合利用技术 [C]. 中国沼气学会学术年会, 2011.

[7] 宋玉山, 靳俊平, 郝丽华. 餐厨垃圾厌氧消化预处理工艺设备研讨 [J]. 环境卫生工程, 2015, 23 (4): 48-50.

[8] 陈必鸣. 餐厨垃圾预处理技术综述 [J]. 环境卫生工程, 2015, (5): 10-12.

[9] 支琴, 吕淑彬, 姚仁忠. 校园餐厨垃圾处理处置方法 [J]. 上海电机学院学报, 2016, 19 (1): 56-62.

[10] 刘国治, 尤宇嘉. 中国餐厨垃圾厌氧处理工艺难点 [J]. 中国沼气, 2011, 29 (6): 33-34.

[11] 班福忱, 孙晓昕, 刘鑫, 等. 自动分选＋固液分离＋油水分离工艺餐厨垃圾处理工程 [J]. 环境工程, 2016, 34 (8): 145-148.

[12] 刘红霞, 何亮. 餐厨垃圾预处理工艺研究——以南宫餐厨垃圾处理厂为例 [J]. 绿色科技, 2016, (10): 96-97.

第6章

餐厨垃圾的提油与高值化利用

　　餐厨废弃物具有较高的含油率，且含油率随着地域饮食习惯的不同而有显著差异。油脂的存在为餐厨废弃物的处置带来很多不便，如：油脂经过发酵容易产生致癌物质——黄曲霉毒素，会对人类健康造成严重危害；对废弃物进行生物处理时，油脂会包裹支撑介质，影响微生物的生命活动，降低处理效果；油脂还黏附在器壁上易造成管路堵塞等。但是，餐厨废油脂同时又是理想的生产生物柴油、硬脂酸、油酸和日用化工等产品的优质原料，可以回收再利用，具有很高的再生利用价值。因此，餐厨废油脂具有鲜明的废物和资源二重性，回收餐厨废油脂，降低危害性，

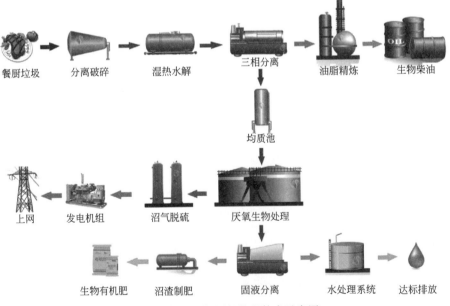

图 6-1　餐厨垃圾厌氧处理技术示意图

实现资源性，变废为宝，对保障人民身体健康、发展循环经济具有重大意义。

如图 6-1 所示，餐厨废弃物通过垃圾运输车运输到处理地点后，可采用分拣设备和粉碎设备进行初步的分离破碎，将夹杂在其中的非生物质组分按类型回收，生物质部分进入湿热水解装置，在一定湿热条件下进行初步分解。湿热水解使餐厨废弃物分解为可分离的水相、油相和固相残渣，经三相分离，掺杂了部分水相的油脂可用于精炼生产生物柴油，剩余液相和固体残渣经均质设备匀浆，用于厌氧发酵生产沼气。餐厨废弃物厌氧发酵后产生的沼气经脱硫纯化后可用于发电，同时产生的大量沼液经固液分离后，固体用于堆肥，液体经达标处理后可排放或回用于沼气工程，实现整个生产过程中的物质循环和资源利用。

本章主要介绍餐厨废弃物油脂形态与特性，以及通过湿热水解技术、油水分离技术和粗粒化技术对餐厨废弃物中油脂进行分离提纯及其高值化利用——生物柴油的生产工艺。

6.1 餐厨废弃物油脂形态与特性

餐厨废弃物中的油脂以多种形式存在，主要可分为可浮油、分散油、乳化油、溶解油、固相内部油脂等。

餐厨废弃物中的含油量可通过以下步骤测定：

准确称取餐厨废弃物 2.0g 于 100mL 具塞试管中，加入 8mL 蒸馏水，混匀后加入 10mL 浓盐酸。将试管置于 70～80℃水浴锅中，每隔 5～10min 摇动 1 次试管，至试管中样品完全消解。取出试管加入 10mL 95％乙醇，混匀，冷却后加入 25mL 乙醚溶剂，塞好试管塞小心混匀 2min，小心打开试管塞放出气体。用 10mL 石油醚-乙醚等量混合液冲洗试管塞及试管口，静置 10～20min，吸出上清液于已恒重的具塞锥形瓶中。再加入 10mL 乙醚溶剂于试管内，摇匀静置后仍将上层清液吸出放入锥形瓶中。将锥形瓶打开瓶塞置于 70～80℃水浴锅中，蒸干溶剂后将锥形瓶置于 95～105℃烘箱中干燥 2h，取出锥形瓶塞好瓶塞放入干燥器中，冷却后称量，计算油脂含量。计算公式如下：

$$x = \frac{m_1 - m_0}{m_2} \times 100\% \tag{6-1}$$

式中，m_0 为锥形瓶质量；m_1 为锥形瓶和脂肪质量；m_2 为样品质量。

6.1.1 餐厨废弃物中油脂的化学组成

餐厨废弃物中油脂的主要成分是甘油三酯、脂肪酸、磷脂胶质以及甘油三酯水解之后的甘油。

（1）甘油三酯

甘油三酯是油脂的主要成分，呈微酸性，在中性的水中几乎不发生水解反应，如果有少量的酸或碱存在，水解反应速率增大。

（2）脂肪酸和甘油

脂肪酸是甘油三酯水解之后的产物，也是油脂评定的一个重要指标，一般用酸值表示。食用植物油脂中脂肪酸含量较少，一般不超过1.5%，具体指标根据油脂种类而定。脂肪酸含量的增加主要是油脂的水解反应造成的。废油脂中的脂肪酸即为水解的产物，甘油三酯经过水解产生大量脂肪酸和甘油，在夏季，废油脂酸值可达150左右。在水解产生脂肪酸的同时也产生了一定量的甘油，由于甘油溶于水，一般废油脂中甘油含量较低。

（3）磷脂胶质

废油脂中的胶质一般含有磷脂、糖、蛋白质、微量元素等，其中磷脂为主要成分。一般食用油中的胶质早已经提取，但由于食用油经过对食物的煎炸，混有了食物中的磷脂、蛋白质等，致使废油脂中的胶质增加。

6.1.2 餐厨废弃物中油脂的物理特性

餐厨废弃物中的油脂主要为甘油三酯和脂肪酸，其物理特性如气味、熔点、凝固点、酸值、皂化值、碘值等，在一定程度上反映了其性质。表6-1为餐厨废弃物中油脂的理化常数。

表 6-1　餐厨废弃物中油脂的理化常数

分析项目	指标	分析项目	指标
酸值(KOH)/(mg/g)	144.3	不皂化物/%	1.9
皂化值(KOH)/(mg/g)	187.01	水分/%	10.1
碘值/(g/100g)	86.48	热值/(J/g)	41313.78
过氧化值/%	25.05		

（1）气味

餐厨废弃物中的油脂都有一定的特殊气味，一般常温下有一种特殊的臭味，这主要是由于食用油发生了腐败。因此，在处理过程中需要采用化学或物理的方式除臭。

（2）熔点和凝固点

餐厨废弃物中油脂受热熔化成液体时的温度称为其熔点。把油脂分解生成的脂肪酸从液体逐渐冷却到固态时，会放出一定的洁净热，当液体降温生成的凝固物不再降温，相反却瞬时升温达到的最高温度称为脂肪酸的凝固点。

脂肪酸的凝固点与脂肪酸碳链长短、不饱和度、异构化程度等有关。碳链越长，双键越少，异构化越少，则凝固点越高，反之凝固点越低。对于同分异构体而言，如油酸，反式比顺式凝固点高。

（3）不皂化物

不皂化物是指溶解于油脂不能被碱皂化的物质，对后续提油利用有一定影响。

（4）酸值

中和 1g 油脂中游离脂肪酸所需要的氢氧化钾的质量（mg）称为酸值。酸值的高低表示脂肪酸含量的多少，是鉴定油脂质量的重要指标，油脂酸败越严重，酸值越高。

（5）皂化值

完全皂化 1g 油脂所需氢氧化钾的质量（mg）称为该油脂的皂化值。皂化值可说明该油脂中脂肪酸碳链的长短，脂肪酸碳链越短，皂化值越高。油脂中不皂化物含量越高，皂化值越低。中性油脂的皂化值等于酸值。

（6）酯值

酯值是指皂化 1g 油脂中所含酯类物质所需的氢氧化钾质量（mg）。油脂中含有游离脂肪酸时，酯值等于皂化值减去酸值，此时油脂中甘油含量可以按以下公式计算：

$$甘油含量＝酯值×0.5466 \tag{6-2}$$

（7）碘值

每 100g 油脂吸收碘的质量（g）称为碘值。碘值的高低反映了油脂的不饱和程度，碘值越高，其不饱和程度越大。经过碘值的测定，可以计算出油脂中混合脂肪酸的平均双键数，在油脂氢化时，可以计算出理论耗氢量。

油脂含量高可提高餐厨废弃物的产气潜力，但在厌氧消解过程中也可造成抑制效应。而餐厨废弃物中的废油脂又是理想的生物油燃料和日用化工原料，可以回收再利用。

6.2 湿热水解技术

中国餐饮废弃物产生量巨大、成分复杂，其中油脂含量约为湿餐饮废弃物质量的 4.7%～10.7%（湿重）。餐饮废弃物高油高盐的特点抑制了微生物生长，有机质含量高，易酸化，使生物处理工艺难以稳定运行。同时餐厨废弃物黏度高，固液分离性能差，进一步影响了生物处理效果。餐厨垃圾中动物脂肪含量较高，这些脂肪大部分以含油固体物质形式存在，较难脱除。实验中发现，湿热水解处理可以使固相内部油脂液化浸出，提高餐厨垃圾中可浮油含量，从而提高垃圾的脱油性能。

6.2.1 湿热水解原理

湿热处理法就是将餐厨废弃物加水后置于密闭容器内加热，利用水作为导热介质、反应介质和溶剂，通过控制温度、加水量和时间等反应条件，使餐厨废弃物在一定的压力和温度作用下发生一系列物理化学反应，获得所需要的水、油、固三相产品。

由于在水热条件下水的密度、离子积、黏度及介电常数发生急剧变化，分子间的氢键作用减弱导致对有机物的溶解度增强，极大改善了餐厨废弃物的固液、油水分离特性和理化性质，使其成为处理餐厨废弃物的理想介质。研究表明，湿热处理可有效缩短餐厨垃圾的水解时间，改变物料中蛋白质、碳水化合物及油脂的物理化学性质，提高后续生物处理效率。该处理法还能够有效杀灭病菌，并通过控制反应条件有效地避免营养成分的流失和破坏，有利于实现餐厨废弃物处理的减量化、无害化和资源化。

湿热水解工艺流程如图 6-2 所示，餐饮废弃物通过运输车，运送至餐饮废弃物处理受料斗，餐饮废弃物中的部分水分，从受料斗底部沥出，进入集水井。其他物料通过泵输至破碎分选机，破碎后大于 1cm 的组分外运处置，小于 1cm 的组分通过泵进入加热釜，经加热釜加热后进行固液分离和油水分离。受料斗处沥水后浆液加入加热釜中，然后直接通入水蒸气（0.4MPa，145℃，703.8kg/h），将物料加热到加热釜加热温度，当达到加热釜加热温度后，停止通入水蒸气，保压蒸煮0.5h。加热釜内的温度通过设置在加热釜上、中、下的 3 个温度传感器取平均值获得。蒸煮完毕后，将软化水通入加热釜夹套中，待温度降至 100℃以下，将前端沥水直接加入加热釜中，冷却釜中浆液，待冷却至 60℃后，卸料至缓冲池，然后进入固液分离机。固液分离机分离出的固体渣，外运处置；分离出的液相和浮渣层进入三相分离机进一步提油。通过三相分离机的提取，便可得到含水率小于 3% 的粗油脂。三相分离机得到的固体渣外运处置，水相进入后续处理系统。

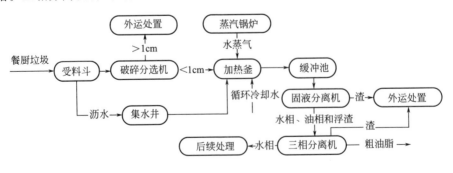

图 6-2　湿热水解工艺流程

6.2.2　湿热水解应用

由于我国饮食习惯的原因，餐厨废弃物中油脂含量较高。餐厨垃圾中含适量油脂可提高产气潜力，但如果油脂含量过高，在厌氧发酵过程中可造成抑制效应。Alves 与 Hwu 认为油脂浓度过高，产甲烷菌容易受到油脂及长链脂肪酸（long chain fatty acid，LCFA）的抑制。在厌氧发酵过程中，脂肪通过胞外脂肪酶迅速水解为甘油和 LCFA，长链脂肪酸通过 β-氧化进一步降解为乙酸和氢。LCFA 容易吸附在微生物膜上，阻碍物质的传输并导致污泥沉降性能下降，从而抑制餐厨废弃物降解。Neyens 和 S. Luostarinen 等人认为湿热处理（图 6-3）可改变垃圾中的水分及脂类的存在形式，从而影响垃圾的脱水、脱油性能。针对我国餐厨废弃物中高油脂、高盐分含量的特征，王宇卓等的研究表明，湿热处理可以有效提高餐厨废弃物的生物可降解性，同时可降低餐厨废弃物中油脂与盐分的含量，调节营养成分，实现物化性状的均质化。不同的湿热处理工艺条件对餐厨废弃物营养物质组成影响较大，Lai 等发现，湿热处理技术可以显著地影响蛋白质、碳水化合物及油脂的物理化学性质。

图 6-3　湿热水解反应釜

国内外对餐厨废弃物及其中油脂的资源化回收利用研究主要有两种方式：一种方法是将油脂从餐厨废弃物中分离，经提炼后作为生物柴油或化工原料，而剩余的有机物采用其他方式进一步处理；另一种方法是采用餐厨废弃物的生物气转化，考虑到油脂比其他有机物具有更高的产甲烷能力，将油脂同餐厨废弃物一起进行生物气转化，回收清洁能源。工程化餐厨废弃物厌氧发酵处理工艺中普遍采用中温厌氧发酵，此温度下植物油脂全部以液态存在，而动物油脂熔点一般在 $40\sim55℃$，很难熔化并漂浮在水面上，湿热处理过的餐厨废弃物可以将这部分动物油脂释放出来，形成可浮油，增加了产气量，同时也可以将可浮油提取后进行生物柴油制备。

6.2.3　脱出油脂的分离

脱出液中的油脂含量及其存在形式对脱出液处理工艺具有重要影响，油脂的分离与回收效率很大程度上取决于其中的可浮油（即静置后能较快上浮到脱出液表面的油脂）含量。可浮油以连续相油膜的形式漂浮于水面，利用密度差即可分离回收。

在实验室中，将收集的浮油加热至液态，倒入离心管中，于 1000r/min 下离心 5min。浮油中残留的食物残渣碎屑沉积于离心管底部，将离心管中的液体倒入分液漏斗，静置，放出下层的水层后将分液漏斗在 4℃ 条件下放置 15min，其中上层液体油可直接回收，而其他形态的油脂需进一步分离处理。

6.3 油水分离技术

在进行餐厨废弃物处理过程中油水分离是一个重要环节，因为各类油类混杂在大环境废弃物中会造成更加难以分解处理等问题。

在餐厨废弃物中的含油污水（以下简称餐饮废水）中，油脂的成分和存在形式复杂，一般以悬浮油、分散油、乳化油、溶解油和含油固体等主要形式存在，其中最难处理的是高浓度呈乳化状的油脂。目前，除油技术可以归纳为 4 大类：物理分离（如重力分离技术、过滤分离技术、膜分离技术等）、化学分离（如絮凝沉淀分离技术、电解分离技术、酸化分离技术等）、物理化学分离（如气浮分离技术、吸附分离技术、磁吸附分离技术等）和生物化学分离（如活性污泥分离技术、生物膜分离技术等）。

6.3.1 物理分离

（1）重力分离技术

重力分离技术作为物理除油技术中最简单且运用最广泛的一种方法，是利用油脂与水的密度差及互不相溶性来实现油珠、悬浮物与水的分层与分离。重力分离技术常用的设备是隔油池，包括平流隔油池（API）、斜板隔油池（PPI）、波纹斜板隔油池（CPI）等类型（图 6-4）。

离心分离技术是利用两相的密度差，通过高速旋转产生不同的离心力，使轻组分油和重组分水分布在旋转器壁面和中心，最终实现较为彻底的油水分离。该技术所需的停留时间较短，也不需要过大的设备体积，但同时存在着阻力较大、能耗过高、维护不易等缺点。离心分离技术常用的工作设备是水力旋流器（图 6-5）。

油水分离器用于分离压缩空气中凝聚的水分和油分等杂质，使压缩空气得到初步净化。其工作原理是：当压缩空气进入油水分离器后产生流向和速度的急剧变化，再依靠惯性作用，将密度比压缩空气大的油滴和水滴分离出来。压缩空气自入口进入分离器壳体后，气流先受隔板阻挡撞击折回向下，继而又回升向上，产生环形回转。这样使水滴和油滴在离心力和惯性力作用下，从空气中分离析出并沉降在

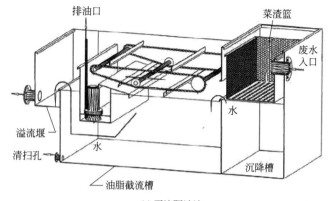

（a）平流隔油池

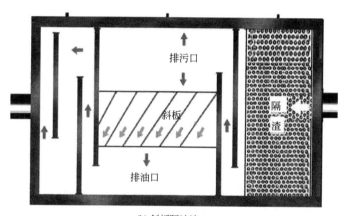

（b）斜板隔油池

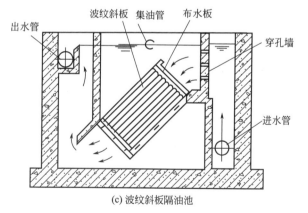

（c）波纹斜板隔油池

图 6-4　不同类型隔油池结构

壳体底部，定期打开底部阀门即可排出油滴和水滴。

　　张霖等采用重力分离技术对餐饮废水进行油水分离。在先后经过除杂、破乳和吸附等一系列操作后，位于水面上层的油由滤油槽收集，底部的清水则通过下方

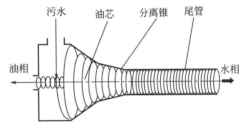

图 6-5　水力旋流器及原理示意图

的出口排放。罗树雄等采用了液位器与重力分离技术相结合的途径来进行油水分离，此方法改善了分离后液位监测的自动化程度，并且降低了制造成本。不足之处是只能除掉餐饮废水中的部分悬浮油和分散油，油水分离效果不明显，只能作为餐饮废水除油的前期处理手段。

重力分离技术是最早出现的油水分离技术，其虽然受到设备占地面积大及分油时间长等不利因素的影响，但因分离过程无须外加动力、不消耗药剂、无二次污染、运行维护费用低等诸多优点，使得该技术的研究还在不断地深入拓展。重力分离技术主要用于分离餐饮废水中的悬浮油和分散油，但不适于溶解油或乳化油的去除。现代油水分离技术中研发和应用单一重力分离技术的科研机构或领域越来越少，重点是将重力分离技术与其他分离技术相结合而形成的复合分离技术。

（2）膜分离技术

膜分离技术是近 20 年迅速发展起来的分离技术，其分离原理是依据物质分子尺度的大小，借助膜的选择渗透作用，在外界能量或化学位差的推动作用下对混合物中双组分或多组分溶质和溶剂进行分离、分级提纯和富集，从而达到分离、提纯和浓缩的目的。研究膜分离技术的关键是膜组件的选择，现已应用的膜过程有反渗透、纳滤、超过滤、微孔过滤、电渗析、气体分离、渗透蒸发、控制释放、液膜、膜蒸馏生物反应器等。膜处理池见图 6-6。

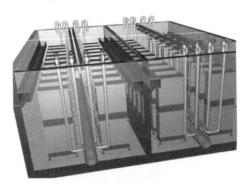

图 6-6　膜处理池

膜分离技术除油效率较高，但由于浓差极化等原因，在分离过程中极易出现膜污染而使通量降低，并且膜的使用寿命短，膜清洗困难，操作费用高。影响膜分离在实际操作中迅速应用发展的主要障碍是膜的污染、堵塞。原料液的黏度很高，使膜通量衰减严重，无法继续分离，更不用说投入工业化大生产了。要实现生物制品提纯的规模化应用，还取决于相关方面的发展，如膜污染机制研究，性能优良、抗污染膜材料的研究。多种类型的膜分离技术在生化产品应用中协同发展，超滤、纳滤、微滤技术联用，取长补短，实行多级分离是发展的趋势。

6.3.2 化学分离

(1) 絮凝沉淀分离技术

絮凝沉淀分离技术是目前国内外用来进一步分离油水的方法中应用最广泛、成本最低廉的一种。絮凝沉淀分离技术是借助絮凝剂对胶体粒子的静电中和、吸附、架桥等作用使胶体粒子脱稳，打破油滴在水相中或水滴在油相中稳定悬浮的状态。由于静电力、范德华力、氢键、配位体的作用，对油滴产生吸附、絮凝、架桥作用，形成粗大矾花，使大尺度油滴从水中脱出。同时，一些低分子的凝聚剂同样存在静电中和作用，使油滴胶体的电性消失，进一步促使油珠互相靠近而发生凝聚，最终完成油水分离。化学絮凝处理池及其原理示意图见图 6-7。

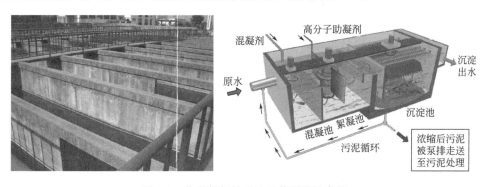

图 6-7　化学絮凝处理池及其原理示意图

目前，国内外对絮凝沉淀分离技术的研究，最关键的问题之一是絮凝剂的选择。用于餐饮废水处理的絮凝剂主要包括无机絮凝剂、有机絮凝剂和无机-有机复配或复合絮凝剂三类。实际处理中要根据餐饮废水的具体特性选择絮凝剂。

韩香云改良了絮凝剂的组成，促使餐饮废水中的乳化油破乳分离。实验表明将聚合硫酸铁、聚丙烯和腐殖酸钠酰胺混合起来使用，油渣与水的分层迅速。

尹艳华等将氯化铝、碱式氯化铝、硫酸铁、硫酸亚铁、硫酸铝钾五种单一絮凝剂对餐饮废弃物的油水分离效果与硫酸铝钾-聚丙烯酰胺复合絮凝剂进行了对比。试验结果表明，硫酸铝钾-聚丙烯酰胺复合絮凝剂的絮凝分离效果比单一絮凝剂要好，使用复合絮凝剂可使 COD 和浊度的去除率分别达到 83.3％和 76.9％，且餐饮废水的 pH、絮凝剂的投放量和方式都对处理效果有很大影响。

絮凝沉淀分离技术的工艺成熟且效果较好，但不足之处是占地面积大、药剂量大以及难以去除浮渣。

（2）电解分离技术

电解分离技术指在电解过程中所释放的大量小气泡吸附在欲去除的油滴表面，随着气泡的上浮将油滴带出水面，从而达到分离目的的方法。张凤娥等采用铸铁屑内电解分离技术进行餐饮废水的除油，并分别考察了多种反应条件对除油率的影响。结果表明，运用铸铁屑内电解分离技术可以将餐饮废水中80％以上的油分分离。餐饮废水的除油效果受温度的影响较大，但在实际处理过程中不必特意提高温度；废水电导率与反应时间成反比，但与油水分离效果无关。

林美强等对微电解预处理和电解分离技术相结合的除油效果进行了研究。通过实验室试验和现场扩大试验后发现，该方法可以有效地除去部分污染物，而且废水的导电性得到提高，除油效果更加显著。

电解分离技术虽然除油效率高，但耗电量大、装置复杂。

6.3.3 物理化学分离

（1）气浮分离技术

气浮分离技术（浮选分离技术）是在水中通入空气产生微细气泡，这些细小气泡进入水相后，水中的一些细小悬浮油珠及固体颗粒附着在气泡上形成气泡-油滴聚合体，这些聚合体在浮力的作用下浮到液面，通过刮去泡沫从而达到分离油分的目的。气浮的效果取决于液体密度差、油珠大小、温度、气泡尺及气含率等因素。一般在餐饮废水中加入絮凝剂，还会进一步提高油水的分离效果。

实现气浮分离的必要条件有两个：一个是向污水中提供足够数量和合适尺寸的气泡；另一个是使油珠及固体颗粒附着于气泡浮升。因而微泡制造技术是影响气浮净水效果的关键因素之一。在气浮净水技术中，各种气泡制造技术有着很大的区别，源于其产生气泡机理的差异。根据气泡产生机理的不同，气泡制造技术可分为三大类，即溶气析出气泡、引气制造气泡和电解析出气泡。全溶气气浮工艺见图 6-8。

气浮装置和溶气系统的改进是气浮分离技术的主要发展方向。对含油污水进行有效处理，回收其中油品，使污水达标排放，不仅保护了环境，而且能产生经济效益。随着浮选技术的应用领域进一步拓展，新的高效浮选设备的引入，浮选技术在含油污水处理中将会得到更广泛的应用。

（2）吸附分离技术

吸附分离技术是利用多孔性固相物质吸着、分离水中污染物的过程。吸附剂一般分为炭质吸附剂（图 6-9）、无机吸附剂和有机吸附剂。高效吸附剂的研制与开发是吸附分离技术的主要研究方向。Li 等采用煤炭对餐饮废水进行除油处理。实

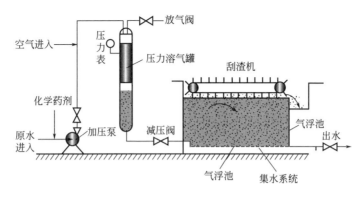

图 6-8　全溶气气浮工艺

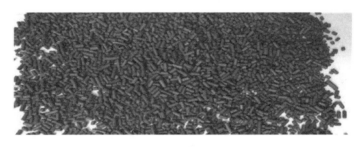

图 6-9　炭质吸附剂

验表明煤炭的种类和颗粒的大小是吸附油的重要影响因素，无烟煤是所有测试样品中吸附效果最好的，并且良好的颗粒大小也有助于吸附油。无烟煤的吸油服从弗伦德利希等温吸附定律。运用吸附技术分离后的出水水质较好，也节省了占地面积，但是吸附剂再生的困难使得投资费用较高。

（3）磁吸附分离技术

磁吸附分离技术是指用磁性粒子吸附微小油珠，然后含油磁粒用磁分离装置分离，以达到油水分离的目的。朱又春等研究了磁粉在油水分离过程中与油类物质的作用机理。实验结果表明，采用磁分离技术可明显降低出水含油量，并且通过电泳试验发现，含乳化油的污水在磁粉的作用下，破乳效果明显。磁粉虽然比表面积小于二氧化硅和硅胶，但却有较大的吸附负荷。磁粉与油珠一般通过直接吸附的方式相结合，而且粒径 $8\mu m$ 以内的细小磁粉还可以通过磁絮凝的方式与油珠结合。磁吸附分离技术消耗动力较大，设备制造昂贵且磁种回收循环使用困难，因而应用尚不广泛。

6.3.4　生物化学分离

生物化学分离技术是指利用微生物将餐饮废水中的烃类物质分解氧化成二氧化碳和水，从而去除废水中的乳化油和溶解油等烃类物质。

餐饮废水生物化学分离技术包括活性污泥分离技术和生物膜分离技术。前者是利用吸附、浓缩在流动状态的絮凝体（活性污泥）表面上的微生物来分解有机物；后者是使微生物附着在固定的载体（滤料）上，污水在从上而下流经滤料表面的过程中，污水中的有机物质便被微生物吸附和分解破坏。

孙水裕等通过生物化学分离技术和磁吸附分离技术相结合对餐饮废水进行油水分离。尹艳华等利用单通道管状陶瓷生物膜反应器对餐饮废水进行了油水分离研究。研究结果表明，餐饮废水经膜生物反应器处理后，油水分离效果明显。其膜通量会受到压力和温度的影响，但过高的膜面流速并不会有太好的分离效果。

生物化学分离技术处理餐饮废水对油水分离有较好的处理效果，出水水质好，但是对进水要求较高，需要专业人员维护，而且基建费用高，重点作为餐厨废水处理方式，不适用于餐厨废油的回收利用。

6.4 粗粒化油脂回收技术

6.4.1 粗粒化技术

餐厨垃圾中油脂主要以可浮油、分散油、乳化油、溶解油、固相内部油脂等五种形式存在。其中，可浮油粒径较大，静置后能较快上浮，以连续相油膜的形式漂浮于水面；分散油以粒径大于$1\mu m$的微小油珠悬浮分散在水相中；乳化油粒径大小为$0.5 \sim 15\mu m$；溶解油以分子状态分散于水中，与水形成均相体系，分离较难；固相内部油脂多以固态与垃圾固相结合，几乎不能直接分离。可见，可浮油含量是餐厨垃圾脱油性能的决定性因素。因此，油水混合物的脱油性能通常以其中的可浮油含量来衡量。

粗粒化是油水分离中将分散油转化为上浮油的常用方法。利用油、水两相对聚结材料亲和力相差悬殊的特性，油粒被材料捕获而滞留于材料表面和空隙内形成油膜，当油膜增大到一定厚度时，在水力和浮力等作用下油膜脱落合并聚结成较大的油粒，便于粒径较大的油珠从水中分离（图6-10）。

粗粒化法可以把$5 \sim 10\mu m$粒径以上的油珠完全分离，分离最佳效果可达$1 \sim 2\mu m$。在分离过程中，水中细微的油粒附着在粗粒化材料表面，形成油膜，油膜增到一定厚度，在动力及水力的冲击下，并伴之以风的搅动，比较大的油珠从粗粒化材料表面脱落下来，利用油水相对密度差，以重力分离法将油珠从水中分离出来，或用吸油机将油提取出来。

粗粒化法除油的效果与表面活性剂的存在和多少有关。微量活性剂的存在能抑制粗粒化分离器的效果，因而粗粒化法不适用于乳状含油废水的去除。在含油废水油水分离处理方法中，粗粒化技术是一种物理化学方法，不需要添加任何添加剂。经过粗粒化后，含油污水的含油量不会降低，油分性质并不会发生变化，而只是改

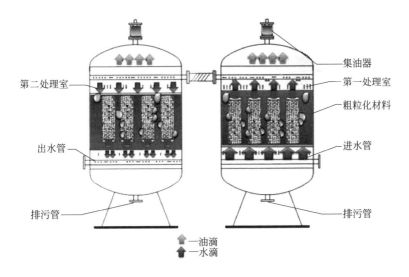

图 6-10　粗粒化油水分离示意图

变含油污水中的油颗粒的粒径分布情况，使小粒径变成大粒径，更容易克服阻力上浮，进而大幅度地提高后续除油设施的除油效率。因此，粗粒化除油技术是一种提高和改善除油效率的手段，并不是一种单一的油水分离技术。

6.4.2　粗粒化原理

关于粗粒化的原理（图 6-11），大体上有两种观点，即"润湿聚结"和"碰撞聚结"。润湿聚结理论建立在亲油性粗粒化材料的基础上，亲油性粗粒化材料对液体有着不同的润湿度，两相在接触表面表现出不同的润湿角，当液体中的两相在同一表面润湿角之差大于70°时，两相可以分离。当含油废水流经由亲油性材料组成的粗粒化分离器时，分散油滴便在材料表面润湿附着，导致材料表面几乎全被油包围，之后流经的油滴也更容易润湿附着在上面，附着的油滴不断聚结扩大最终形成油膜。由于浮力和反向水流冲击作用，油膜开始脱落，材料表面得到一定程度的更新。脱落的油膜到水相中仍形成油滴，该油滴粒径比聚结前的要大，达到了粗粒化的目的。含油废水润湿聚结除油材料有聚乙烯、聚丙烯塑料聚结板等。

碰撞聚结理论建立在疏油材料基础上。无论是由粒状的还是纤维状的粗粒化材料组成的粗粒化分离器，其空隙均构成互相连续的通道，犹如无数根直径很小、相互交错的微管。当含油废水流经该分离器时，由于粗粒化材料是疏油的，2个或多个油滴有可能同时与管壁碰撞或相互碰撞，其冲量足以将它们合并为一个较大的油滴，从而达到粗粒化的目的。含油污水碰撞聚结除油材料有碳钢、不锈钢聚结板等。

无论是亲油的还是疏油的材料，两种聚结都是存在的，只是：前者以"润湿聚结"为主，但也有"碰撞聚结"，原因是污水流经粗粒化分离器时，油滴之间也有碰撞；后者以"碰撞聚结"为主，但也有"润湿聚结"，原因是当疏油材料表面沉

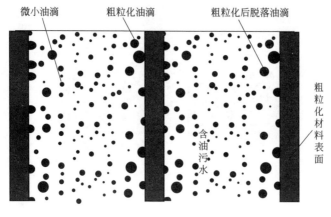

微小油滴　　　　粗粒化油滴　　　　粗粒化后脱落油滴

粗
粒
化
材
料
表
面

含
油
污
水

图 6-11　粗粒化原理

积油泥时，该材料便有亲油性，自然有"润湿聚结"现象。因此，无论是亲油性材料还是疏油性材料，只要粒径和其他方面的参数选择合适，都有比较好的粗粒化效果。

6.4.3　粗粒化分离器简介

粗粒化分离器是将材料填充于粗粒化装置中，当油水混合物通过一个装有填充物的装置时，水中的油滴会由小变大，这一过程就称为粗粒化，所用的填充材料称为粗粒化材料。该方法属于物理化学法，通常设在重力除油工艺之前。它是利用油、水两相对粗粒化材料亲和力相差悬殊的特性，油粒被材料捕获而滞留于材料表面和孔隙内形成油膜，油膜增大到一定厚度时，在水力和浮力等作用下油膜脱落合并聚结成较大的油粒。经过粗粒化处理后的污水，其含油量及原油性质并不发生改变，只是更容易用重力分离法将油除去。

粗粒化分离器的技术关键是粗粒化填充材料。从材料的形状来看，可分为纤维状和颗粒状；从材料的性质来看，许多研究者认为材质表面的亲油疏水性是主要的，而且亲油性材料与油的接触角以小于 70° 为好。常用的亲油性材料有蜡状球、聚烯系或聚苯乙烯系球体或发泡体、聚氨酯发泡体等。也有研究表明，亲水性材料也能得到较好的除油效果，即在聚酰胺、聚乙烯醇、维尼纶等纤维内引入酸基（磺酸基、磷酸基等）和盐类，使得被粗粒化的油易从纤维表面离去。通过污水在粗粒化前后油珠粒径分布的变化来判定除油效果及工艺可行性，主要评价指标为油的去除率及出水含油量。

在含油污水乳化程度不高的情况下，污水中绝大多数是粒径为 $10\mu m$ 及以上的油滴，则污水自上而下流动的速度 v 必须小于油滴上浮速度 u，油滴才可上浮至水面去除。由斯托克斯公式 $u=kd_0^2$ 可知，油滴上浮速度与油滴粒径平方成正比。如果在污水沉降之前设法使油滴粒径增大，可大大增大油滴上浮速度，进而使污水在沉降罐中向下的流速 v 加大，这样便可提高除油罐效率。

6.4.4　典型粗粒化分离器

在柳默潇、夏楠、梁斌等人的学位论文中均提到，从粗粒化反应器的应用历史来看，目前常用以下四种类型的粗粒化分离器：斜板式聚结分离器、堆积填料式聚结分离器、滤芯式聚结分离器、旋流式聚结分离器等。

（1）斜板式聚结分离器

斜板式聚结分离器就是在分离器内装各种斜板，斜板的下表面为亲油疏水的聚结材料（图6-12）。当含油污水流经斜板间隙时，细小的油滴和斜板上表面接触，聚结形成油膜，在重力作用下上浮至水面上。斜板式聚结分离器价格便宜，操作稳定，维护工作量少，能够承受较多固体污染物。但是，当污水油水密度相差较小（小于 $50 \mathrm{kg/m^3}$）时工作效果很差，而且只对油滴粒径大于 $100 \mu \mathrm{m}$ 的油滴起作用，处理精度不够。此聚结分离器通常用于含油污水预处理。

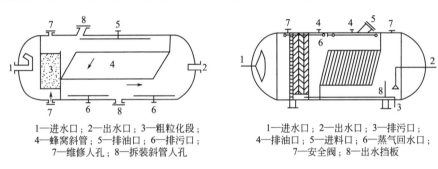

1—进水口；2—出水口；3—粗粒化段；
4—蜂窝斜管；5—排油口；6—排污口；
7—维修人孔；8—拆装斜管人孔

1—进水口；2—出水口；3—排污口；
4—排油口；5—进料口；6—蒸气回水口；
7—安全阀；8—出水挡板

图 6-12　两种斜板式聚结分离器的结构示意图

（2）堆积填料式聚结分离器

堆积填料式聚结分离器是在分离器内堆积一定体积的聚结材料，来水通过分离器时，水中的小油滴和聚结材料碰撞、聚结成大的油滴，并最后从聚结材料上脱离，上浮去除（图6-13）。这种填料式聚结分离器具有相对较大的流动通道，较能容纳悬浮物，聚结材料种类较多而且较为便宜。但当污水中存在大量的悬浮物时，系统也会被堵塞。而且流动通道较大，小油滴与聚结材料碰撞概率降低，去除精度和效率较低，试验显示，当来水中油滴粒径小于 $25 \mu \mathrm{m}$ 时，脱油效率急剧降低，难以满足高精度的处理要求。

（3）滤芯式聚结分离器

滤芯式聚结分离器是壳体中装有聚结材料制成的滤芯，水流从内到外流过聚结滤芯时，小油滴和滤芯的聚结材料碰撞、聚结成较大的油滴，并最终脱除（图6-14和图6-15）。滤芯式聚结分离器聚结材料多种多样，去除精度高，处理效果好，当油滴粒径小于 $25 \mu \mathrm{m}$ 时也能保持良好的聚结效果。其缺点是当流速过高时，会产生

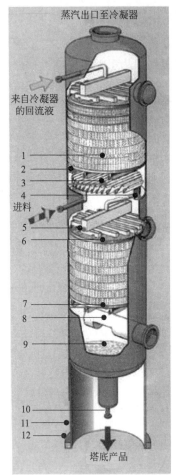

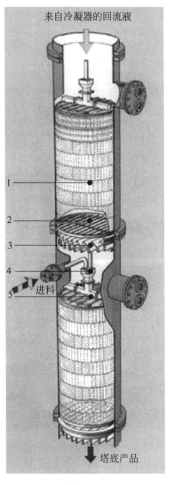

1—规整填料；2—支撑栅板；3—液体收集器；
4—集液环；5—多级槽式液体分布器；6—填料压圈；
7—支撑栅板；8—蒸汽入口管；9—塔底；
10—至再沸器循环管；11—裙座；12—底座环

(a) 此结构适合于直径大于等于800mm的填料塔

1—规整填料；2—支撑栅板；
3—液体收集器；4—降液管；
5—管式液体分布器

(b) 此结构适合于直径小于800mm的填料塔

图 6-13　堆积填料式聚结分离器陶瓷填料示意图

滤芯的变形，影响聚结效果。聚结分离器的超强脱水功能主要依靠聚结和分离两种滤芯。以脱水为主要功能的聚结分离油处理器的聚结滤芯材料具有很好的亲水性，因此能够把油液中的微小水滴聚结成较大的水珠。通常该滤芯由经过特殊加工、处理的玻璃纤维和其他合成材料叠加而成，具有过滤和聚结双重功能。外层称为破乳聚结层，起聚结水分作用。内层为高精度滤材，称为过滤层，起除杂质作用。与聚结滤芯相反，分离滤芯具有很强的憎水特性。它由经过表面处理的不锈钢丝网制成。当油液流经分离滤芯时，由于憎水作用，夹带的水珠被有效地拦截，只让油通

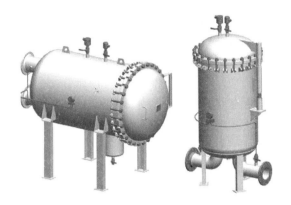

图 6-14 滤芯式聚结分离器（左为卧式，右为立式）

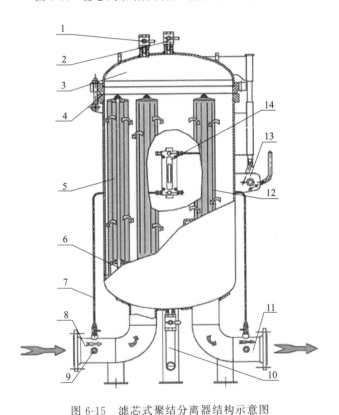

图 6-15 滤芯式聚结分离器结构示意图

1—安全阀接口；2—排气阀；3—分离器上盖；4—O 形密封圈；5—聚结滤芯；
6—聚结滤芯托盘；7—引压管；8—分离器进口；9—取样口；10—接液位计口；
11—分离器出口；12—分离滤芯；13—开盖装置；14—压差计

过而不让水通过，从而进一步分离水分。正是这一对亲水、憎水滤芯的作用，通过
2 次分离水的处理才使聚结分离油处理器达到理想的脱水效果。总而言之，滤芯式
聚结分离器的工作原理包括过滤、聚结、沉降、分离等过程。

（4）旋流式聚结分离器

旋流聚结分离技术始于20世纪70年代。水力旋流聚结分离器（图6-16）作为一种结构简单、操作方便、成本低、易于实现自动控制、分离效果较好的非均相分离设备，在气-固、液-固、气-液、液-液等非均相物质分离过程中得到了广泛的应用。它是由一个短的圆柱筒和一个单锥或双锥筒体形成一个旋流腔，并有一个或多个切向入口，两个轴向出口。混合物料由泵通过切向入口送入旋流腔内，从而在腔内高速旋转产生离心力场。在离心力作用下，混合物内密度大的分散相颗粒或液滴发生离心沉降，迁移到四周，从而沿着壁面向下旋动，最后作为底流排出。密度小的分散相颗粒或液滴则向中间迁移，并沿轴线向上旋动，最后作为溢流排出。这样就完成了具有密度差的两相的分离。目前，对旋流器中旋流场分离特性的研究工作主要集中在离心沉降方面，但是旋流器中不仅存在着离心沉降，而且还存在着碰撞聚结-旋流聚结，使得分散相液滴粒度变大，从而强化了离心沉降分离过程。若能将混合物中较小的分散相液滴聚结成较大的液滴，无疑会给液-液、气-液等非均相的分离带来极大的便利。

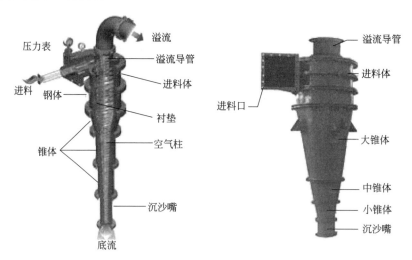

图 6-16 水力旋流聚结分离器结构示意图

6.5 餐厨废弃油脂生产生物柴油

柴油作为一种重要的动力燃料在各国燃料结构中占有较高的份额。随着世界范围内车辆柴油化趋势的加快，未来柴油的需求量会逐步提升。而石油资源的日益枯竭和人们环保意识的提高，大大促进了全世界加快柴油替代燃料的开发步伐。生物柴油是指以动植物油脂为原料，经过反应而得到的既可作为矿物燃料替代品，又可作为矿

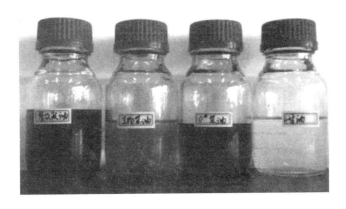

图 6-17　餐厨废油高值化利用

从左往右依次为餐饮废油、生物柴油、0#柴油、甘油

物燃料添加剂的物质,与石化柴油相比,它可以使二氧化硫等硫化物的排放量减少30%,使一氧化碳等温室气体的排放量减少60%。餐厨废弃物粗加工提炼的废弃物油,其成分和植物油非常接近,可作为生物柴油的半成品原料直接用于生产。

据统计,我国餐饮企业餐厨废弃物的年产生量不低于6000万吨,如北京、上海等大城市日产生餐厨废弃物1000t左右,虽然我国目前餐厨废弃物资源化程度低,但餐厨废弃物资源化潜力巨大(图6-17)。同时,餐厨废弃物加工生物柴油利润丰厚,利用餐厨废弃物加工制造的生物柴油的价格比普通柴油要便宜许多,有很大的利润空间。我国相关部门也先后出台对以餐厨废弃物等为原料加工生物柴油的积极政策,如政府给予贴息贷款、特许经营等,鼓励企业投资,为促进餐厨废弃物无害化、资源化处理提供良好的社会环境。

6.5.1　生产原理

脂肪酸甲酯或乙酯类物质应用于能源燃料,称为生物柴油。生物柴油的主要制备方法有直接使用和混合法、微乳法、热解法、酯交换法。与其他方法比较,酯交换法生产生物柴油具有工艺简单、费用较低和制备的产品性质稳定等优点,已成为研究的重点。

酯交换法主要通过酯基转移作用将高黏度的植物油或动物油脂转化为低黏度的脂肪酸酯。常用甲醇等低碳醇作为酯交换剂,用 NaOH 和 KOH 等碱性物质,或 H_2SO_4 和 H_3PO_4 等酸性物质作为酯交换法催化剂,在一定的温度和压力条件下反应,生成脂肪酸甲酯。主要成分为脂肪酸三甘油酯的废餐饮油,在催化作用下与甲醇等低碳醇同时进行酯化与转酯化作用,生成脂肪酸甲酯(即生物柴油),同时副产出价值较高的甘油。酯交换反应生成的脂肪酸甲酯,其含碳18%～22%,与石化柴油(含碳16%～18%)基本一致,在酯化后,脂肪酸甲酯分子量大约280,与石化柴油的220接近,根据相似相溶的原理,它与石化柴油相溶性极佳。

影响反应的各因素有油和醇的物质的量的比、催化剂用量、反应温度和反应时间等，技术关键是催化剂。根据催化剂的不同分为碱催化法、酸催化法和生物催化法，根据反应体系的不同分为均相催化和多相催化。

6.5.2 预处理

餐厨废弃物中的油脂经过简单加工提炼后，还含有许多杂质，如泥沙、游离脂肪酸、磷脂、色素、水分等。在工业化利用之前，为了保证产率及产品质量，需进行预处理，涉及的主要工序包括除杂、脱胶、降酸值、脱色、脱臭、除水等。

除杂和除臭一般可同步完成。将收集来的餐厨废弃油脂倒入高温滤槽，餐巾纸、一次性筷子、泔脚等"大块头"杂质被挡在了滤网外，臭味在这里也被蒸发大半。剩余的油、水、杂混合物进入压滤机、离心机内循环往复数次，使油和水、杂物进一步分离。此时得到的油脂含水量已经很低，但仍有一些油脂没有完全与水撇清，含有油包水的乳浊液，要放入沉降罐内，加入破乳剂，水和油才能分离干净。

脱胶是去除油脂中的磷脂、蛋白质以及其他结构不明的胶质和黏液质。宋华民等认为胶体的存在会影响油的品质和储藏稳定性，而且会导致生物柴油燃烧不完全、残留物较多。刘颖颖考察了磷脂含量对高酸值麻疯树油预酯化的影响，结果表明，磷脂含量对酯化率影响不大，但是，在后续洗涤过程中，含量为1%的磷脂会引起乳化，造成油相和水相分离困难，产物损失增加。传统的脱胶方法有水化法和酸化法；发展衍生的方法有超滤法、酶法等。传统方法操作简单、效果一般，衍生方法效果明显，但操作难度较大，因此，具体选用何种方法需综合考虑原料油性质、设备投资、操作复杂程度等因素。

脱色的目的是除去地沟油中的色素和有色物质。常规的脱色方法主要有化学法和物理法。化学法是脱色剂通过氧化或还原作用将色素和有色物质破坏掉；物理法是用吸附剂，如活性炭、活性白土、硅藻土、沸石、凸凹棒土等吸附除去油脂中的色素和有色物质。

降酸值的目的是除去地沟油中的游离脂肪酸，方法包括碱炼、蒸馏、溶剂萃取、酯化、膜分离等。碱炼是用碱中和游离脂肪酸（free fatty acid，FFA）生成皂，同时吸附色素和使杂质沉淀出来。蒸馏法是利用甘油三酯和游离脂肪酸相对挥发度的差异，在高真空条件下，蒸馏出游离脂肪酸。溶剂萃取法是利用甘油三酯和游离脂肪酸在一些有机溶剂中溶解度的差异进行分离。膜分离法是根据甘油三酯和游离脂肪酸分子量的差异，对游离脂肪酸进行分离。酯化脱酸是使游离脂肪酸与甘油、甘一酯或甲醇反应，生成甘油三酯或单酯，反应方程式见式(6-3)和式(6-4)。

$$
\begin{array}{ccc}
\text{R}^1\text{COOH} & \text{CH}_2\text{OH} & \text{CH}_2\text{OOCR}^1 \\
| & | & | \\
\text{R}^2\text{COOH} + & \text{CHOH} \xrightarrow{\text{催化剂}} & \text{CHOOCR}^2 \quad +\text{H}_2\text{O} \qquad (6\text{-}3) \\
| & | & | \\
\text{R}^3\text{COOH} & \text{CH}_2\text{OH} & \text{CH}_2\text{COOCR}^3
\end{array}
$$

$$\text{RCOOH} + \text{CH}_3\text{OH} \xrightarrow{\text{催化剂}} \text{RCOOCH}_3 + \text{H}_2\text{O} \qquad (6\text{-}4)$$

FFA　　　甲醇　　　　　甲酯　　水

6.5.3　生产工艺

预处理之后便是化学转化过程，相对纯净的餐厨废弃油脂被送入主车间的"反应釜"。保险起见，釜内还要做一次减压蒸发，将水分彻底除去。餐厨废弃物加工生物柴油的生产工艺可分为以下五种：碱催化酯交换反应、酸催化酯交换反应、脂肪酶催化酯交换反应、超临界甲醇流体法、加氢工艺法。

（1）碱催化酯交换反应

碱催化酯交换反应具有速率快、转化率高等优点，是目前生物柴油生产最常用的方法之一。在均相碱催化剂中以甲醇盐应用最为广泛，因为甲醇盐作为催化剂，操作容易、价格低、活性高、反应时间短、反应所需温度低、催化剂用量少，且反应后通过中和水洗易除去。

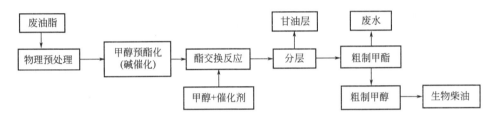

图 6-18　餐厨废油碱催化生产生物柴油工艺流程

工艺流程（图 6-18）为：通过对废弃油脂的预处理，使其中的水分、颜色都得到控制，通过脱色、脱酸的废弃油脂与适量的甲醇和 NaOH 在 60℃下反应 40min，所得生物柴油产率为 85.8%。该工艺的不足之处在于后续工序需要有甲醇回收装置以收集过量的甲醇，能耗增大，产品分离难且反应副产物和废液处理较难。

（2）酸催化酯交换反应

酸催化酯交换过程一般使用硫酸、盐酸、磷酸、有机磺酸、固体超强酸等进行催化。对于游离脂肪酸和水分含量高的油脂，游离酸较易催化酯化反应，且酯化反应速率要远远快于酯交换速率。通常采用两步法处理原油酸值较高的情况，第一步先用酸催化酯化反应，待酸值降到一定程度后，干燥除水，再进行第二步的碱催化转酯化反应。酸催化酯交换法的缺点是在生产中会造成生物柴油分离困难，并产生酸性废水。

（3）脂肪酶催化酯交换反应

酶催化法是以脂肪酶为催化剂，动植物油脂与醇发生酯交换反应生成脂肪酸酯的过程。酶催化法存在制备工艺简单、原料适用性广、反应条件温和、醇用量小、产物易回收、不腐蚀设备、不污染环境等优点。但脂肪酶作为催化剂还有一定的局限性，如：底物降低酶的活性，对其有抑制作用；酶的价格昂贵，寿命短；脂肪酶在有机溶剂中不易分散，存在聚集作用，催化效率较低，直接造成生产成本居高不下。

（4）超临界甲醇流体法

超临界甲醇流体法就是处于超临界状态下的甲醇与动植物的油脂发生酯交换反应生成脂肪酸甲酯的工艺。研究发现，在超临界处理过程中，甲醇可以在无催化剂情况下与菜籽油发生酯交换反应。在反应压力为 20MPa、温度为 300℃、甲醇与菜籽油物质的量比为 42∶1 以及反应时间控制在 15min 的条件下，脂肪酸甲酯生成率接近 100%。相比于传统的酸、碱催化法和酶催化法等技术，超临界酯交换反应不需要催化剂，反应速率快和产物分离简单，具有明显优势，但仍然存在反应温度、压力条件不够温和，对设备要求较高及操作费用高等缺点。

（5）加氢工艺法

直接加氢脱氧工艺是在 240～450℃、4～15MPa、催化剂作用下对油脂的深度加氢过程，羧基中的氧原子和氢结合成水分子，其余部分还原成烃的过程。与酯交换工艺相比，加氢工艺具有原料适应性强、可利用现有炼厂加氢技术与设备直接加氢脱氧、工艺比较简单、产物具有高的十六烷值等优点，同时加氢工艺得到的绿色柴油是优质的柴油调和组分，沸程范围接近典型的石化柴油，但得到的柴油组分中主要是长链的正构烷烃，使得产品的浊点较高，低温流动性差，产品在高纬度地区环境下使用受到抑制，一般只能作为高十六烷值柴油添加组分。

通过酯交换反应得到的粗甲酯用处理剂和水清洗，将所含未反应的催化剂、副产物、杂质清除，得出的粗甲酯纯度已达到 98% 左右。此时要放入蒸馏塔，去味脱臭、精馏，就能得到精制的脂肪酸甲酯（BD100），也就是俗称的生物柴油，颜色几乎和纯净水相当。

6.6 示范工程：重庆市黑石子餐厨垃圾处理厂

6.6.1 生物柴油制取系统概述

重庆市黑石子餐厨垃圾处理厂主要由厌氧发酵系统、沼气发电系统、沼气净化系统、生物柴油制取系统等几部分构成。其中的生物柴油制取系统主要利用餐厨垃圾中的液相组分，变废为宝，制取高品质的生物柴油，它可以作为石化柴油的替代燃料，与石化柴油以任意比例混合燃烧，同时还能改善石化柴油燃烧产生的污染排放，是一种清洁的可再生能源。其制取原理为采用酸、碱催化转酯化工艺，将进入系统的原料油通过一系列复杂的物理、化学反应，最后生成生物柴油及副产品植物沥青和甘油。餐厨废油生产生物柴油工艺流程见图 6-19。

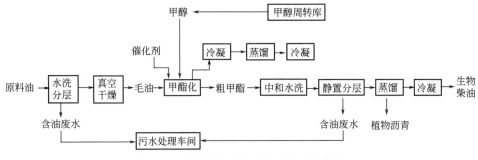

图 6-19　餐厨废油生产生物柴油工艺流程

进厂原料油含有机械杂质、水分、胶溶性杂质、脂溶性杂质等多种成分，会对后期工艺产生负面影响，通过在预处理车间以物理方法进行过滤、脱胶、提纯，能够去除大部分杂质，并经过水洗、干燥后得到毛油。经过预处理的毛油，泵入生物柴油车间脂肪酸罐，通过两阶段转酯方式来处理，在前处理阶段，先以浓硫酸作催化剂将游离脂肪酸转换成脂肪酸甲酯，然后再于第二阶段中，采用甲醇钠作催化剂与三酸甘油酯完成转酯化反应。反应生成的粗甲酯经过中和水洗后，静置分层，并进行蒸馏、冷凝、提纯后得到产品生物柴油。工艺中产生部分甘油及植物沥青副产品，另行收集，同时工艺中投加的过量甲醇通过蒸馏回收后循环使用。

重庆黑石子餐厨垃圾处理厂符合国家产业政策，符合重庆市城乡总体规划。该处理厂目前采用了先进的工艺技术，符合清洁生产要求；落实环评报告提出的各项污染防治措施后，污染物能够达标排放；对评价区的地表水、环境空气、声环境影响较小。从环境保护角度上看，该处理厂是有极大效益的。

6.6.2　生物柴油制取工艺要点分析

本工艺采用国内先进技术，但对操作要求较高，具体需要注意以下几个方面。

其一为脱胶工序段生产效果。原料油中的胶质，一般以磷脂的形式存在，混入油中会使油色变深暗、浑浊，同时磷脂遇热会焦化发苦，吸收水分促使油脂酸败，影响油品的质量和利用。本工序段利用其所含亲水基，加入一定量热水，使胶体水溶性脂质吸水膨胀、凝聚，进而沉降从油中进行分离。在操作中，应根据进料实际情况，清洗至油品清亮，确保胶质去除充分，以免影响后续操作。

其二为预酯化反应段参数控制。为使后期酯交换反应不受游离脂肪酸影响，必须在反应前采用预酯化工艺除酸。本系统预酯化反应段使用浓硫酸作催化剂，促使游离脂肪酸与甲醇反应，生成脂肪酸甲酯和水。现场技术操作人员在反应前先检测毛油酸价，并根据酸价参考化学方程式计算得出反应各项控制参数，对工作人员要求较高，需认真按参数要求控制反应进度，务求反应完全，以免对后续工艺段产生不良影响。

其三为甲醇用量控制。在酯交换工艺段，发生的酯交换反应为可逆反应，为提高反应转化率，增加产品产出率，在实际投加甲醇时应过量，同时过量甲醇的投加又会使反应副产物甘油的分离更加困难，提高甲醇回收费用。现场操作人员应根据现场实际情况及理论参数计算结果严格控制甲醇用量，以使反应充分，达到最好的反应效果。

其四为反应过程中皂化反应的控制。水和游离脂肪酸在碱性环境下，会产生皂化反应等副反应，减小产品产出率，影响产品品质。在生产过程中，酯交换反应之前，应对反应物进行酸价及水分检测，避免残留脂肪酸及水分进入后期酯交换工艺段，影响反应结果。

其五为各工艺段温度控制。本工艺在对反应物的除水、产品甲酯的提纯、甲醇的回收等多工序段涉及蒸馏工艺，在蒸馏过程中，应注意控制反应温度，使反应充分的同时，避免液体爆沸溅出等情况的发生。同时，在反应物发生酯交换等化学反应时，根据工艺要求，也要严格控制反应温度，以使产品产出率最大化。

其六为反应时间的控制。酯交换反应是可逆反应，时间短，反应将来不及达到平衡，造成转化率下降，产品收率降低；时间长，虽然反应能充分达到平衡，但反而增大产品皂化的可能性，也会导致产品收率降低。因此，在酯交换工艺段，需按工艺要求，严格控制反应时间，以便达到最好的反应效果。

在实际操作过程中，还要根据调试中出现的各种情况，结合反应机理具体分析问题发生的原因，有针对性地采取改善措施，解决相关问题，帮助调试工作顺利进行。

本 章 小 结

餐厨垃圾作为有机废物可被充分地再利用，以餐厨垃圾为原料加工生物柴油符合循环经济的要求，是垃圾资源化利用的科学途径。生物柴油是石化柴油很好的替代能源。在我国，利用餐饮业废油脂制造生物柴油符合世界上废油脂再利用的大趋势，既能减少污染又能节省能源，而且可以废物资源化。目前，我国生物柴油大规模应用的最大障碍是生产成本高和生产工艺不成熟，因此，探讨降低生产成本的方法以及不断改进生产工艺的实践，对发展我国生物柴油产业具有重大意义。我国餐厨垃圾规范管理刚起步，收运体系还很不完善，大多数城市的餐厨垃圾还处于"地下经营"状态。随着各城市相关法规、政策和收运体系的不断完善，将餐厨垃圾变废为宝生产生物柴油必然前景广阔。

参 考 文 献

[1] 任连海，聂永丰．餐厨废油高效分离回收工艺研究 [J]．城市管理与科技，2009，11（4）：52-55.
[2] 任连海，金宜英，刘建国，等．餐厨垃圾固相油脂液化及分离回收的影响因素 [J]．清华大学学报：自然科学版，2009，49（3）：386-389.

[3] 王巧玲, 陈泽智, 龚惠娟, 等. 含油量对餐厨垃圾厌氧发酵的影响 [J]. 环境工程学报, 2012, 6 (12): 4637-4641.

[4] 王妮娜, 郑立柱. 餐厨垃圾资源化处理技术 [J]. 广州环境科学, 2011, (3): 20-22.

[5] 韩子兴, 侯天明. 废水中油类的理化性状及含量测定技术 [J]. 化工环保, 2000, 20 (6): 38-43.

[6] 胡颂. 城市生物质废物水热预处理技术和厌氧消化特性研究 [D]. 北京: 清华大学, 2009.

[7] 郑苇, 刘淑玲, 闵海华, 等. 餐饮垃圾提油中试实验的加热釜参数选择 [J]. 环境工程学报, 2016, 10 (12): 7305-7309.

[8] Alves M M, Vieira J A, Pereira R M, et al. Effects of lipids and oleic acid on biomass development in anaerobic fixed-bed reactors. Part Ⅱ: Oleic acid toxicity and biodegradability [J]. Water Research, 2001, 35 (1): 264-270.

[9] Hwu C S, Tseng S K, Yuan C Y, et al. Biosorption of long-chain fatty acids in UASB treatment process [J]. Water Research, 1998, 32 (5): 1571-1579.

[10] Lai H M. Effects of hydrothermal treatment on the physicochemical properties of pregelatinized rice flour [J]. Food Chemistry, 2001, 72 (4): 455-463.

[11] 魏自民, 夏天明, 李鸣晓, 等. 不同湿热预处理条件对餐厨垃圾厌氧发酵产氢的影响 [J]. 环境科学研究, 2013, 26 (11): 1239-1245.

[12] 宁娜, 任连海, 王攀, 等. 湿热-离心法分离餐厨废油脂 [J]. 环境科学研究, 2011, 24 (12): 1430-1434.

[13] 张国华, 黄江丽, 黄黄, 等. 湿热法对餐厨垃圾中油脂的去除及粗脂肪回收率测定 [J]. 环境卫生工程, 2016, 24 (2): 34-35.

[14] 李可盛, 刘仕伟, 李露, 等. 湿热法在废油脂处理中的应用 [J]. 化工科技, 2013, 20 (6): 19-21.

[15] 朱金龙, 魏自民, 贾璇, 等. 湿热水解预处理对餐厨废弃物液相物质转化的影响 [J]. 环境科学研究, 2015, 28 (3): 440-446.

[16] Ren L, Nie Y, Liu J, et al. Impact of hydrothermal process on the nutrient ingredients of restaurant garbage [J]. Journal of Environmental Sciences, 2006, 18 (5): 1012-1019.

[17] Neyens E, Baeyens J. A review of thermal sludge pre-treatment processes to improve dewaterability [J]. Journal of Hazardous Materials, 2003, 98 (1-3): 51-67.

[18] Luostarinen S, Luste S, Sillanpää M. Increased biogas production at wastewater treatment plants through co-digestion of sewage sludge with grease trap sludge from a meat processing plant [J]. Bioresource Technology, 2009, 100 (1): 79.

[19] 贾随堂, 汤力同. 餐饮业含油污水处理技术与设备 [J]. 环境污染治理技术与设备, 2002, 3 (11): 74-77.

[20] 夏天明, 黄凯锋, 李鸣晓, 等. 湿热预处理对餐厨废弃物厌氧产氢发酵类型的影响 [J]. 环境工程技术学报, 2014, 4 (2): 150-157.

[21] 张霖霖, 周勇强, 陈婉媚, 等. 小型酒店废水处理的研究 [J]. 广州化工, 1999, (4): 27-29.

[22] 罗树雄, 郑维智. 餐饮业小型污水综合处理系统的技术研究 [J]. 环境工程, 2004, 22 (5): 14-15.

[23] 李小兵, 郭杰, 周晓华, 等. 浮选气泡制造技术进展 [J]. 选煤技术, 2003, (6): 60-62.

[24] Xiaobing L I, Zhang C, Liu J. Adsorption of oil from waste water by coal: characteristics and mechanism [J]. International Journal of Mining Science and Technology, 2010, 20 (5): 778-781.

[25] 朱又春, 曾胜. 磁分离法处理餐饮污水的除油机理 [J]. 中国给水排水, 2002, 18 (7): 39-41.

[26] 韩香云. 餐饮业含油废水的处理方法——破乳技术的分析与实验 [J]. 盐城工学院学报: 自然科学版, 2001, 14 (3): 18-20.

[27] 尹艳华, 赵毅, 王连军, 等. 絮凝法处理餐饮废水 [J]. 工业用水与废水, 2002, 33 (4): 46-47.

[28] 孙水裕，刘鸿，谢光炎，等. 磁粉强化活性污泥法处理餐饮废水的研究 [J]. 环境污染与防治，2003，25（3）：170-172.

[29] 尹艳华，徐复铭，赵毅，等. 膜生物反应器处理餐饮废水的初步研究 [J]. 应用基础与工程科学学报，2005，13（4）：358-365.

[30] 刘蓉，张大年. 粗粒化法处理乳化食用油脂废水的研究 [J]. 上海环境科学，2001，20（7）：331-334.

[31] 张小艳. 粗粒化技术处理含油废水试验研究 [D]. 武汉：武汉理工大学，2007.

[32] 夏楠. 粗粒化技术提高油水分离效率的实验研究 [D]. 大庆：东北石油大学.

[33] 梁斌. 粗粒化技术在含油废水处理中的应用 [J]. 石油化工环境保护，1993，（2）：10-14.

[34] 陈绍平. 粗粒化油水分离器的选用 [J]. 化学世界，1984，（4）：12.

[35] 柳默潇. 加剂粗粒化后利用聚并等流分离器处理含油污水实验研究 [D]. 大庆：东北石油大学，2014.

[36] 冀星. 利用餐厨垃圾中的油脂生产生物柴油技术与政策问题研究 [J]. 中国能源，2011，33（9）：36-39.

[37] 王赫麟，张无敌，尹芳. 生物柴油中甘油含量测定及甘油分离提纯工艺研究 [J]. 安徽农学通报，2008，（12）：181-182.

[38] 谭燕宏. 餐厨垃圾制备生物柴油工艺研究 [J]. 再生资源与循环经济，2012，5（11）：38-39.

[39] 和彦杰. 聚结法处理含油污水的探讨 [J]. 化工技术经济，2003，21（11）：47-48.

[40] 顾大明，王吟. 粗粒化聚并法油水分离技术 [J]. 哈尔滨建筑大学学报，2002，35（2）：65-67.

[41] Lobo L，Svereika A，Nair M. Coalescence during emulsification [J]. Journal of Colloid and Interface Science，2002，253（2）：409-418.

[42] Jafari S M，Assadpoor E，He Y，et al. Re-coalescence of emulsion droplets during high-energy emulsification [J]. Food hydrocolloids，2008，22（7）：1191-1202.

[43] Spielman L A，Goren S L. Progress in induced coalescence and a new theoretical framework for coalescence by porous media [J]. Industrial & Engineering Chemistry，1970，62（10）：10-24.

[44] 李卫东，王跃社. 液-液两相旋流分离的研究 [J]. 工程热物理学报，1998，19（6）：753-756.

[45] Gloria Pereira M，Stephen M，Udge M. Cleaning oiled shores：laboratory experiments testing the potentita use of vegetable oil biodiesel [J]. Chemosphere，2004，（54）：297-304.

[46] 韩秀丽，马晓建，陈俊英. 利用餐饮业废油制备生物柴油的研究 [J]. 粮油加工，2007，（7）：72-74.

[47] 汪勇，欧仕益，温勇，等. 酶法催化合成生物柴油的研究进展 [J]. 中国油脂，2006，31（6）：65-68.

[48] 李永超，王建黎. 生物柴油工业化生产的现状及其经济可行性评估 [J]. 中国油脂，2005，30（5）：59-64.

第 7 章

餐厨垃圾厌氧消化处理技术

使用厌氧消化技术处理餐厨垃圾能够获得甲烷和氢气等清洁能源，不仅可以缓解能源危机的问题，同时发酵后的残渣和沼液也可以用于农耕种植业，实现二次利用。目前，餐厨垃圾的厌氧消化处理技术比较成熟，但是由于厌氧消化的影响因素复杂，容易出现系统不稳定的问题。因此，本章从厌氧消化的基本原理开始介绍，为厌氧消化技术在餐厨垃圾处置的问题上提供参考。

7.1 概述

厌氧消化，是指在厌氧的条件下经过多种专性厌氧微生物或兼性微生物的协同共生作用，将复杂的有机物逐级分解为无机物，同时产生沼气的过程。沼气是一种混合气体，主要由 CH_4（50%～70%）、CO_2（30%～50%）以及其他微量气体（NH_3、H_2S、H_2 和 O_2 等）组成。厌氧消化是一个"串联"的由多种微生物共同作用的生物化学过程，参与该反应的厌氧微生物主要包括水解细菌、发酵产酸菌、产氢产乙酸菌、同型产乙酸菌、嗜氢产甲烷菌和嗜乙酸产甲烷菌等。在整个厌氧消化过程中，各类微生物"各司其职又相互制约"，形成复杂的生态系统。

餐厨垃圾含水量、含油盐量均比较高，流动性大，不易运输，还极易腐败，滋生病菌。目前，餐厨垃圾主要同生活垃圾一并处理，而城市生活垃圾的处理方式主要是以填埋为主，但是餐厨垃圾的上述特性增大了填埋工艺的运输难度，而且填埋过程中大量的渗滤液还会造成地下水的二次污染，同时餐厨垃圾还极易腐败，产生难闻的气味，对环境产生较大影响。因此，各种对餐厨垃圾进行资源化利用处理的生物方法被广泛研究，以达到资源回收充分利用的目的。

由于餐厨垃圾中含有大量有机物，使用厌氧消化技术不仅可以有效地将其分解，而且产生的沼气作为一种清洁能源可以用于替代化石能源。在将餐厨垃圾转化为沼气的过程中实现了餐厨垃圾的无害化、资源化利用，这是一种变废为宝的方法。最早关于餐厨垃圾厌氧消化的报道在 20 世纪 30 年代，但真正的基础研究是在 60 年代（表 7-1）。

表 7-1　餐厨垃圾厌氧消化的起步研究

时间	对象	研究内容
20 世纪 60 年代	加利福尼亚大学的 Golueke 伊利诺伊大学的 Pfeffer	利用餐厨垃圾甲烷发酵后回收能源的可行性试验
1978～1985 年	美国能源局委托佛罗里达 废弃物管理公司	对试验性设备进行了餐厨垃圾甲烷发酵的实证研究
20 世纪 80 年代	日本	对城市生活垃圾的甲烷发酵进行了工厂规模的实验
1978 年	欧共体	明确了环境和能源的和谐发展,支持研究开发代替能源
1978 年	以西欧为中心	一系列餐厨垃圾相关技术开发

厌氧消化技术在欧美的发展最为成熟，其应用也较为普遍。有统计表明，欧洲每年城市废弃物厌氧消化处理总能力由 1990 年的 12.3 万吨提高到 2010 年的 597 万吨，增加了 48 倍。美国各州自 20 世纪 90 年代左右开始发展固体废弃物厌氧消化技术的研究，2000 年后厌氧消化技术得到快速发展，各州都将厌氧消化技术用于处理城市生活垃圾及各类有机物垃圾；爱荷华州和加利福尼亚州等都采用厌氧消化方法处理餐厨垃圾，并建立了多处厌氧消化处理工程。

早在 19 世纪末，我国就已经开始利用厌氧消化方法处理农村有机废弃物。从 20 世纪 80 年代开始，我国出现了农村户用沼气建设的小高峰，到 2000 年，农村户用沼气池达到 848 万户。我国大中型沼气工程的研究和建设始于 1936 年，也取得了较好的效果。

在"十二五"期间，由于我国的餐厨垃圾处理业处于发展的初级阶段，餐厨垃圾的相关政策与标准不完善，我国餐厨垃圾的处理能力并不能满足同年餐厨垃圾产生量的处理要求。到"十二五"末期，我国餐厨垃圾日处理能力为 1.31 万吨，2012 年 4 月国务院发布的《"十二五"全国城镇生活垃圾无害化处理设施建设规划》中提出，餐厨垃圾日处理能力力争达到 3 万吨。图 7-1 为《"十二五"全国城镇生活垃圾无害化处理设施建设规划》中 2011～2015 年的餐厨垃圾处理能力数据统计，虽处理能力呈增长趋势，但涨势缓慢。未经处理的餐厨垃圾会大量流入小作坊被提取地沟油，对我国民众的食品安全问题产生威胁。餐厨垃圾市场近年发展迅速，参照《"十三五"全国城镇生活垃圾无害化处理设施建设规划（征求意见稿）》，在"十三五"末期，我国餐厨垃圾日处理能力应达到 4 万吨，处理率达 30%左右。据国家统计局公布显示：2016 年，全国餐厨垃圾产生量约 9700 万吨。

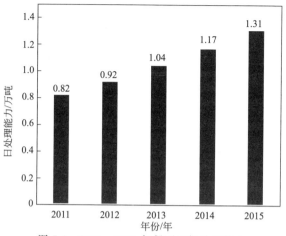

图 7-1　2011～2015 年餐厨垃圾处理能力

根据《"十三五"全国城镇生活垃圾无害化处理设施建设规划》，"十三五"期间我国将新增餐厨日处理能力 3.44 万吨，对应投资额 183.5 亿元。

7.2　厌氧消化的基本原理

厌氧消化过程是一个非常复杂的由多种微生物共同参与的生物化学反应，随着对厌氧消化技术研究的不断深入，人们对于厌氧消化中微生物的认识依次经历了两阶段理论、三阶段理论和四阶段理论。

7.2.1　两阶段理论

两阶段理论是由 Thumm Reichie 和 Imhoff 分别于 1914 年和 1916 年提出的，后经 Buswell 和 Neave 完善而成。两阶段理论将有机物厌氧消化过程分为两个阶段：第一阶段是酸性发酵阶段，在产酸细菌的作用下，复杂的有机物被水解并发酵生成脂肪酸、醇类、CO_2 和 H_2 等，同时合成新的细胞；第二阶段为碱性发酵阶段，在产甲烷菌（图 7-2）的作用下第一阶段生成的脂肪酸等物质继而被转化为 CH_4 和 CO_2。但是，这一理论仅仅对厌氧消化过程进行了简单描述，并没有全面反映厌氧消化的本质，例如对产甲烷菌如何利用长链有机酸等

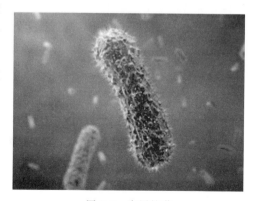

图 7-2　产甲烷菌

问题难以解释。

7.2.2 三阶段理论

随着对厌氧消化微生物学研究的不断深入，厌氧消化的生物学过程和生化过程也逐渐被认识清楚，使得厌氧消化理论被逐渐完善。1979 年，美国科学家 Bryant 对产甲烷菌和产氢产乙酸菌进行了实验研究，根据其生理种群，提出了厌氧消化的三阶段理论。该理论突出了产氢产乙酸菌的作用，认为不同的发酵菌群可以将厌氧消化分成水解、产酸、产甲烷三个阶段，并且产甲烷菌不能对除乙酸、H_2、CO_2和甲醇等以外的有机酸和醇类直接利用，这些物质必须经过产氢产乙酸菌的转化并分解为乙酸、H_2 和 CO_2 等后才能被产甲烷菌利用。三阶段理论突出体现了产氢产乙酸细菌在厌氧消化过程中的核心地位，并将其发酵过程单独划分为一个阶段。

7.2.3 四阶段理论

目前被业内学者普遍接受的是 Zeikus 于 1979 年提出的四阶段理论，该理论将厌氧消化过程划分为水解、发酵产酸、产氢产乙酸、产甲烷四个阶段，认为参与厌氧消化过程的菌群除水解菌、发酵菌、产氢产乙酸菌、产甲烷菌外，还有一个同型产乙酸菌种群。同型产乙酸菌可将中间代谢物的 H_2 和 CO_2（甲烷菌能直接利用的一组基质）转化成乙酸（甲烷菌能直接利用的另一组基质）。厌氧消化的基本原理图见图 7-3。

7.2.3.1 水解阶段

有机物主要由碳水化合物、脂类和蛋白质这三类有机化合物组成，产甲烷菌无法直接利用外源性大分子有机物，因此第一阶段，复杂的非可溶性有机物首先在水解菌分泌的胞外酶的作用下被转化为简单的可被细菌直接利用的单体物质，即三大营养物分别在淀粉酶、脂肪水解酶和蛋白质酶的作用下降解为小分子糖类、短肽及氨基酸和长链脂肪酸等。对于组成结构复杂难以降解的物质来讲（如木质纤维素生物质原料），水解阶段是整个过程的限速步骤，参与此过程的微生物是一个相当复杂庞大的细菌群，降解纤维素的微生物菌群如梭菌属（*Clostridium*）、芽孢杆菌属（*Bacillus*）、纤维单胞菌属（*Cellulomonas*）、瘤胃球菌属（*Ruminococcus*）等。

7.2.3.2 发酵产酸阶段

该阶段中水解发酵产生的小分子有机物在各类产酸菌的作用下进一步分解为醇类和挥发性脂肪酸（$C_2 \sim C_7$）等。此阶段产酸速率快，末端产物取决于厌氧消化系统中微生物种群结构、生态条件以及底物种类等，根据末端产物的不同可将发酵类型进一步细分为乙醇型发酵、乳酸型发酵、乙酸型发酵、丙酸型发酵、丁酸型发酵及复合酸发酵等类型。参与此过程的微生物种群主要有梭菌属（*Clostridium*）、醋酸杆菌属（*Acetobacterium*）、乳酸杆菌属（*Lactobacillus*）等。己糖发酵产酸类型见表 7-2。

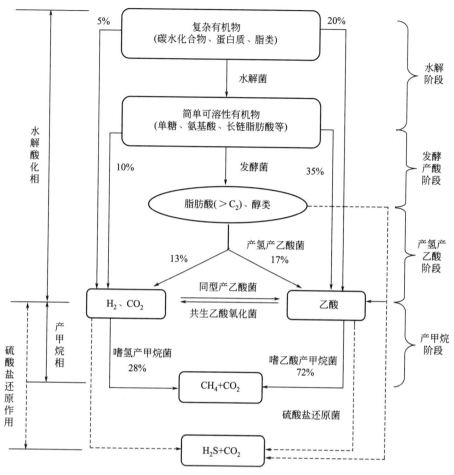

图 7-3 厌氧消化基本原理图

表 7-2 己糖发酵产酸类型

发酵类型	生成物	发酵类型	生成物
乳酸盐发酵	乳酸、乙醇、CO_2	乙醇发酵	乙醇、CO_2
丙酸盐发酵	丙酸盐、乙酸盐、CO_2	混合酸发酵	乙酸盐、甲酸盐、乙醇、CO_2
丁酸盐发酵	丁酸盐、丁二醇、异丙醇、乙醇、CO_2	丁二醇发酵	丁二醇、CO_2

7.2.3.3 产氢产乙酸阶段

发酵产酸阶段产生的醇类、挥发性有机酸（丙酸、丁酸、戊酸和己酸）等末端产物在产氢产乙酸菌的作用下进一步转化为乙酸和氢气或二氧化碳。产乙酸反应见表 7-3。不同物质在转化为乙酸的过程中所要求的氢分压和吉布斯自由能不同，如果氢分压超过 10^{-4} 大气压，有机酸浓度尤其是丙酸将增大，相应的甲烷的产量就会受到抑制。此外，在标准条件下，乙醇、丙酸和丁酸降解为乙酸的过程是耗能反应，不能自发地进行，然而降低氢分压可有利于这些反应过程的有序进行，因此降低甲烷发酵过程中的氢分压有助于提高发酵系统的运行稳定性。产乙酸菌典型的微生物类群主要有醋酸杆菌属（*Acetobacterium*）、鼠孢菌属（*Sporomusa*）、真杆菌属（*Eubacterium*）、梭菌属（*Clostridium*）和瘤胃球菌属（*Ruminococcus*）等。

表7-3 产乙酸反应

生化反应途径	吉布斯自由能($\Delta G_0'$)
（乳酸）$CH_3CHOHCOO + 2H_2O = CH_3COO^- + HCO_3^- + H^+ + 2H_2$	$-4.2kJ/mol$
（乙醇）$CH_3CH_2OH + H_2O = CH_3COO^- + H^+ + 2H_2$	$+9.6kJ/mol$
（丁酸）$CH_3CH_2CH_2COO + 2H_2O = 2CH_3COO^- + H^+ + 2H_2$	$+48.1kJ/mol$
（丙酸）$CH_3CH_2COO + 3H_2O = CH_3COO^- + HCO_3^- + H^+ + 3H_2$	$+76.1kJ/mol$
（甲醇）$4CH_3OH + 2CO_2 = 3CH_3COO^- + 3H^+ + 2H_2O$	$-2.9kJ/mol$
（碳酸）$2HCO_3^- + 4H_2 + H^+ = CH_3COO^- + 4H_2O$	$-70.3kJ/mol$

7.2.3.4 产甲烷阶段

产甲烷过程主要包括两种功能不同的产甲烷菌群：一种是嗜乙酸产甲烷菌，主要包括索氏甲烷丝菌和巴氏甲烷八叠球菌，它们可以直接利用乙酸在甲基转移酶的作用下转化为甲烷，这一途径约占甲烷来源的72%；另一种是嗜氢产甲烷菌，这类菌群可利用 H_2 将 CO_2 还原生成甲烷，经这一途径转化的甲烷约占全过程甲烷产量的28%。有研究指出，嗜乙酸产甲烷菌对环境生态的变化较为敏感，而嗜氢产甲烷菌对高氨氮等不利环境因素的耐受阈值相对较高，因此在富氮有机物的厌氧消化过程中，当氨氮浓度达到一定阈值时会降低嗜乙酸产甲烷菌的代谢活性，此时不能直接被分解利用的乙酸会在共生乙酸氧化菌（syntrophic acetate oxidising bacteria，SAOB）的作用下首先分解为 H_2 和 CO_3^{2-}，再通过嗜氢产甲烷菌合成甲烷。

甲烷菌或称产甲烷菌是甲烷发酵阶段的关键微生物，主要有甲烷杆菌属（*Methanobacterium*）、甲烷八叠球菌属（*Methanosarcina*）、甲烷鬃菌属（*Methanosaeta*）等微生物类群。

此外，当采用厌氧消化技术处理高蛋白或含硫废水时，硫酸盐还原菌的代谢作用不可忽视，硫酸盐还原菌代谢利用的底物与嗜氢嗜乙酸产甲烷菌的底物一致，这就对产甲烷菌形成了内在的竞争性抑制。另外硫酸盐还原菌的代谢产物——H_2S，不仅会对后续的沼气工程的设备及管道造成腐蚀，还会降低厌氧消化过程中微量元素的生物有效性，进一步制约厌氧消化过程的进行。

7.3 厌氧消化的微生物种群学说

1967 年，Bryant 等发现原来认为的培养甲烷发酵的生成菌实际上是产甲烷菌

（MOH）和非甲烷生成菌 S 细菌的混合物。基于这一发现，Bryant 等提出了 S 细菌这样的产氢产乙酸共生细菌参与了厌氧分解过程的中间产物丙酮酸和乳酸的分解反应这一相关假设。

在此基础上，人们研究了共生细菌。1979 年 McInerey 等发现了分解 $C_4 \sim C_8$ 脂肪酸的产乙酸菌 *Syntrophomonas wolfei*。1980 年 Stieb 和 Schink 发现了分解丙酮酸生成氢气的产乙酸菌 *Syntrophobacter wolinii*。1985 年 Stieb 和 Schink 发现了分解 $C_4 \sim C_{11}$ 脂肪酸的细菌 *Clostridium bryantii*。1986 年 Roy 等发现了分解 $C_4 \sim C_{18}$ 脂肪酸的细菌 *Syntrophomonas sapovoorans*。20 世纪 80 年代在研究产氢乙酸共生菌共生方面有着很大的进步，在甲烷发酵反应过程中水解产酸细菌、产甲烷菌和产氢产乙酸共生细菌这三类微生物起着至关重要的作用，这就是所谓的甲烷发酵的三菌群学说。

厌氧消化过程一般会经历发酵细菌、产氢产乙酸细菌和产甲烷细菌三类细菌群的纵向接替转化以及同型乙酸细菌群的横向转化。根据微生物所参与的发酵过程可以将以上四种细菌划分为两类，即水解酸化菌和产甲烷菌。产甲烷菌和水解酸化菌生长环境比较见表 7-4，从表中可以看出，产甲烷菌和水解酸化菌在生长速度和环境的要求方面明显不同。

表 7-4　产甲烷菌和水解酸化菌生长环境比较

比较项目	产甲烷菌	水解酸化菌
种类	少	多
世代时间	长	短
pH 值	最适 pH 值范围：6.8～7.2	最适 pH 值范围：5.5～7.0
氧化还原电位	＜−350mV（中温） ＜−560mV（高温）	＜−150mV
温度	30～38℃（中温） 50～55℃（高温）	20～35℃
对有毒物质敏感性	敏感	不敏感

7.4　餐厨垃圾厌氧消化运行影响因素分析

餐厨垃圾厌氧消化过程的复杂性不仅体现在每个阶段受不同微生物菌群的控制，同时也体现在其整个过程也受工艺运行的温度、pH 值、水力停留时间以及餐厨垃圾原料的有机负荷、硫化物含量及营养元素水平等的影响。

7.4.1　温度

在餐厨垃圾厌氧消化处理过程中，微生物的反应速率与温度有着十分密切的关系。温度不仅可以通过影响厌氧微生物细胞内参与生命活动的某些酶，进而影响微生物的生长速率和代谢速率，同时也会影响有机物在反应器中的流向、有机物在溶质中的溶解度等，从而影响厌氧消化过程。另外，在温度过高时，整个厌氧工艺系统的耗能和运行成本也会受到影响。

一般来说，餐厨垃圾的厌氧消化可细分为低温（10～30℃）、中温（30～40℃）和高温（50～60℃）三种发酵类型。厌氧消化过程在5～35℃之间时，温度每升高10℃左右，生物降解速率会提高一倍多。随着温度的持续上升，生物降解速率可以在35℃达到一个高峰，然后开始下降至45℃出现一个低峰，在55℃左右会出现另一个高峰值，因而厌氧消化温度设定应避开45℃左右的范围。研究发现，厌氧消化的最适宜温度分别为中温35℃和高温55℃。由于中温厌氧消化过程具有稳定、易于控制、耗能较少、微生物活性较高等特点，所以目前餐厨垃圾厌氧消化工程主要采用中温厌氧消化。但是如果餐厨垃圾中含有较多的纤维素等一些难降解的成分，可以采用高温厌氧消化，因为高温厌氧菌对纤维素的降解能力较强。高温厌氧消化反应速率快，反应需要的体积小，但是耗能高，且稳定性差，容易引起酸化和氨氮中毒。

张永梅等通过批次实验研究温度对餐厨垃圾自由厌氧消化性能的影响，考察了室温（25℃）、中温（35℃）和高温（55℃）条件下发酵基质的降解程度和有机酸的产量以及组成情况（图7-4）。结果表明，尽管高温条件下颗粒态有机物有最快的水解速率，但室温条件下有机酸浓度却达到了最大值（8.85gCOD/L）；乳酸和乙酸是自由发酵过程中最主要的有机酸，室温下乳酸和乙酸的含量分别为总有机酸的72.86%和25.11%，而中温和高温时乳酸和乙酸的含量比值均在43.6%～50%之间。实验表明，自由发酵条件下，餐厨垃圾最佳的水解酸化温度是25℃。

7.4.2 pH值、挥发性脂肪酸与碱度

餐厨垃圾厌氧消化的水解酸化阶段受pH值的影响较大，pH值不仅影响厌氧消化水解酸化的产物分布，还会影响厌氧体系中微生物的代谢途径。pH值在4.0～4.5之间时常发生乙醇型发酵；pH值为4.5～5.0时往往发生丁酸型发酵，但也可发生乙醇型发酵；pH值为5.0左右时发生混合酸型发酵；pH值为5.5左右时发生丙酸型发酵；pH值为6.0以上时往往发生丁酸型发酵。pH值与总产气量的模拟曲线见图7-5。

餐厨垃圾中含有的大量糖类、脂类及蛋白质等物质在厌氧过程中的产酸菌作用下会产生短链脂肪酸，由于其具有挥发性，我们将其称为挥发性脂肪酸（VFA）。当产甲烷菌利用VFA的速率不及VFA的产生速率时，就会出现VFA的积累和抑制现象。当反应器内pH值为5.0，发酵液VFA含量大于13000mg/L时，发酵产酸会停止。当VFA的浓度在100～200mg/L时就需要对厌氧消化过程进行严格监控，特别是可溶性有机物含量高的有机废弃物，其厌氧消化过程中VFA的产生速

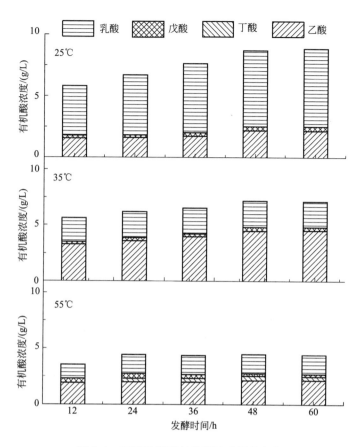

图 7-4　不同温度下有机酸随时间的变化

率比甲烷的产生速率快，容易出现 VFA 的积累，从而会对产甲烷过程造成负面影响。各类挥发性有机酸中，丙酸是一类非常重要的中间转化产物，丙酸的降解效率通常被认为是厌氧消化过程的限速步骤。在运行不稳定的厌氧消化装置或者过高有机负荷运行条件下，都容易出现丙酸积累现象。当发酵系统中丁酸含量大于 2000mg/L 时，产气速率会下降，产甲烷活性就会受到较大抑制；当发酵系统中丙酸含量大于 310mg/L 时，产气速率会下降，产甲烷活性受到抑制；当发酵系统中乙

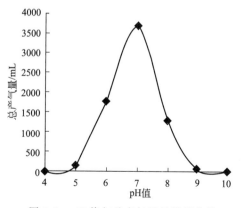

图 7-5　pH 值与总产气量的模拟曲线

酸含量大于 2341mg/L 时，产气速率会降低，产甲烷活性受到抑制，而当乙酸含量为 4010mg/L 时，产气速率相当低，产甲烷活性会受到严重抑制。

此外，挥发性脂肪酸的积累会导致 pH 值的下降。由于餐厨垃圾中碳酸根离子（CO_3^{2-}）、碳酸氢根离子（HCO_3^-）以及铵根离子（NH_4^+）的存在，使得消化液具有一定的酸碱缓冲能力，会对 pH 值的下降产生缓冲作用。所以，碱度可以作为衡量发酵系统稳定性的重要指标之一。

张波等在 35℃ 条件下，通过间歇调节 pH 值，试验了 pH 值为 5、7、9、11 条件下餐厨垃圾两相厌氧消化中水解和产酸情况，结果表明，控制 pH 值为 7 时，餐厨垃圾具有更高的水解和酸化率，并且能为后续产甲烷的过程提供更有利的基质。甲烷发酵的过程具有自我调节的能力，但是为了使得甲烷发酵更早地顺利开始，同时产气率提高，需要人工调节初始 pH 值以及碱度（2000～3000mg/L）。张玉静等在中温（35℃）条件下试验了 pH 值为 5、6、7 及不控制 pH 值条件下餐厨垃圾厌氧消化产酸的效果，结果表明，控制发酵罐 pH 值为 6 时餐厨垃圾厌氧消化水解产酸效果最好。Min 等研究得出当发酵温度为（18±2）℃、调节 pH 值为 5.2～6.7、HRT（水力停留时间）为 5d 时，餐厨垃圾质量分数为 10% 的厌氧消化体系最大 VFA 产率为 0.318g/(g·VS_{fed}·d)。王艳琴等研究了高温（55℃）、高含固率（TS 为 20%）条件下初始 pH 值（5、7、9）对餐厨垃圾厌氧消化产挥发性脂肪酸的影响，结果表明，增大初始 pH 值能显著提高 VFA 浓度和产率。初始 pH=9 的体系发酵结束时 VFA 浓度和产率最高，分别为 23.48g/L、0.095g/(g·VS_{fed}·d)。初始 pH=7 时以丁酸型发酵为主导；pH=9 时则以乙酸型发酵为主导，更适合作为废水脱氮除磷过程的碳源。因此，就产酸率和产酸类型而言，适当提高餐厨垃圾初始 pH 值更有利于其向目标产物 VFA 转化。Wang Kun 等研究了 pH 值对餐厨废弃物两相厌氧消化中水解产酸阶段的影响，结果表明在 pH=4 时水解作用的效果最为显著，而在 pH 值为 6 时 VFA 的产量最高，且以丁酸为主。何品晶等研究指出，餐厨垃圾极易发生酸化，如不对 pH 值进行有效控制，厌氧消化环境的 pH 值会迅速下降，48h 后维持在 3.9～4.0，势必会造成产甲烷菌活性下降甚至死亡，VFA 不能及时被转化，使得产酸阶段和产甲烷阶段不平衡，所以需要对餐厨垃圾的 pH 值进行有效控制。

7.4.3 停留时间

停留时间包括固体停留时间（solid retention time，SRT）和水力停留时间（hydraulic retention time，HRT）两种。SRT 是指餐厨垃圾中固体或微生物停留在厌氧消化反应器中的平均时间，而 HRT 指的是餐厨垃圾中液体停留在厌氧消化反应器中的时间。停留时间越长，餐厨垃圾厌氧消化就越完全，但是随着停留时间的增加反应速率会逐渐降低，因此需要找到一个最佳的停留时间。

最近有研究表明，餐厨垃圾中的有机质在厌氧消化 1h 内的去除率可达到 64%～85%，但如果达到完全降解，至少在 10d 内才能完成。一般而言，餐厨垃圾中温厌氧消化的停留时间为 10～40d，高温厌氧消化的停留时间一般为 10～20d；

两相厌氧消化中酸化相的停留时间为 3～14d，产甲烷相的停留时间为 10～14d。减少停留时间可使反应器容积减小，但也会导致有机物的去除率下降，在实际工程应用中，必须平衡这两个因素。

常用的减少停留时间的方法有以下几种。

（1）混合搅拌

可防止物料在发酵罐底部沉淀，增大反应物与微生物的接触面积，使反应时间缩短。出水回流和沼气搅拌为常见的混合搅拌方式。

（2）降低固体物含量

可增大微生物与底物的接触面积，加速反应进行，从而减少停留时间。

（3）相分离

由于产甲烷微生物需要比水解酸化微生物更长的停留时间，水解酸化微生物的时间约为 15～30min，而产甲烷微生物的时间约为 3～30d。厌氧反应器的 SRT 应该大于 12d，而一旦停留时间小于 10d，产甲烷微生物就会很明显地被"冲出"反应器。因此，将餐厨垃圾厌氧消化过程中的产酸相与产甲烷相分离，为各自的代谢提供最佳的条件，可使停留时间减少。

（4）预处理

餐厨垃圾在预处理后，其营养成分更容易被微生物利用，厌氧消化能力提高，停留时间也会相应减少。

7.4.4 接种物

任何发酵体系都离不开微生物的作用，餐厨垃圾的厌氧消化同样如此。餐厨垃圾厌氧消化过程中接种物的数量与质量对发酵产气有非常重要的影响。如果接种物过多，为了达到较好的处理效果，必须增大反应器体积，势必会增加投资成本；如果接种物过少，发酵速率就会减慢，产甲烷周期就会延长，也比较容易造成酸的累积，从而使发酵系统崩溃。

马磊等人对于餐厨垃圾中接种物含量的研究表明，在 TS 比为 9.47（餐厨垃圾 480g，接种物 600g）的条件下，产气效果最佳，累积产气量为 9359mL，餐厨垃圾的 TS、VS 和 SCOD 的去除率也达到最佳效果，分别为 60%、70% 和 39.67%。驯化污泥可改善微生物的群落结构，采用最佳的驯化方式可以提高污泥的产气活性，进而提高餐厨垃圾的沼气产量。添加一定量的餐厨垃圾对污泥进行驯化培养，一段时间后，其产气活性有所提高，菌群形态由球形演变为杆状菌体，并分散分布。其中每日投加餐厨垃圾 2.5g（污泥质量的 0.5%），经 20d 驯化培养后，达到最高的污泥产气活性为 135.65mL/(g·d)。

7.4.5　氨氮

餐厨垃圾中含有着大量未被食用的蛋白质，经过厌氧消化，蛋白质会分解为小分子的游离氨（NH_3）和离子铵（NH_4^+）。它们是氨氮在水溶液中的两种主要存在形式。国内外学者普遍认为，当氨氮浓度低于 200mg/L 时有利于厌氧过程，但是氨氮浓度过高会影响产甲烷菌的活性。究其原因，大多数学者认为游离氨（NH_3）能自由透过细胞膜，是产生氨抑制的主要形式，氨可能以两种方式影响产甲烷菌：①铵离子直接抑制甲烷合成酶的活性；②游离氨为疏水性分子，通过被动扩散作用进入细菌细胞，引起质子不平衡和钾的缺乏。进入细胞内的游离氨转变为铵离子，铵离子在细胞内累积改变细胞内的 pH 值，同时在此过程中吸收质子，此时细胞必须消耗能量以平衡质子，使用钾泵以维持细胞内的 pH 值，从而增加了能量需求，且可能导致对特定酶反应的抑制。餐厨垃圾有机质含量高，含有丰富的淀粉、蛋白质和脂肪，表明它具有良好的甲烷生产潜力。但可能发生氨累积现象，使发酵过程存在着潜在的不稳定性。

7.4.6　有机负荷

有机负荷是指厌氧消化反应器在单位容积、单位时间内所承受的挥发性有机物量，它是消化反应器设计和运行的重要参数之一。系统有机负荷的高低与处理物料的性质、消化温度、所采用的工艺等有关。有机负荷是厌氧消化的重要指标，当有机负荷低时，厌氧消化的处理能力较低；当有机负荷高时，容易导致厌氧消化酸化，从而造成厌氧消化崩溃。所以将有机负荷维持在一个适宜的程度，不仅可以降解有机质，而且可以使厌氧消化系统高效运行，从而得到较高的甲烷产率。有机负荷由发酵槽容积决定，其中，反应槽样式、基质种类以及水力停留时间等均对有机负荷有影响。合适的有机负荷对于发酵体系十分重要，直接影响着厌氧消化系统的容积产甲烷率。过高的有机负荷会导致系统酸化，破坏微生物的活性；过低的有机负荷使得发酵罐负载运行，使得运行成本增高。

刘广青等对餐厨垃圾进行了批式中温厌氧消化，其中最大的餐厨垃圾负荷为 12.5g VS/L，对应的沼气和甲烷的产率分别为 430mL/g VS 和 245mL/g VS，而高温厌氧消化的餐厨垃圾的负荷可以提高至 20g VS/L，对应的沼气和甲烷的产率分别为 396mL/g VS 和 252mL/g VS，这说明温度对餐厨垃圾的负荷有重要的影响，高温条件有助于餐厨垃圾的降解。张瑞红等在研究批式厌氧消化过程中使用的餐厨垃圾的负荷为 10.5g VS/L，得到甲烷的产率为 445mL/g VS。

虽然批式发酵的产气量和对有机质的去除能力较强，然而批式发酵对有机质的处理能力远低于序批式发酵，为了提高发酵罐对有机质的处理能力，在实际的操作中应当采用序批式的方式处理餐厨垃圾。目前的序批式发酵过程中，餐厨垃圾单独发酵时最高的进料负荷率为 9.2g VS/(L·d)，在此负荷下，对应的 VS 去除率和甲烷产率分别为91.8%和455mL/g VS，其厌氧污泥的浓度较高（5%～10%TS），对应的微生物的浓度可达$1.09×10^{11}$细胞，活性污泥中较高的微生物密度是高负荷下发酵稳定运行的主要原因。

7.4.7　油脂

餐厨垃圾中含有大量食用油和动植物脂肪，其中油脂有多种存在形式，可分为乳化油、分散油、可浮油、内部固相油脂等。油脂含量较高会影响餐厨垃圾厌氧消化的进行，因此在餐厨垃圾厌氧消化过程中，要注意分析油脂对餐厨垃圾厌氧消化的影响。任南琪等通过理论计算得出油脂发酵产沼气成分中的甲烷含量明显高于蛋白质和糖类，约占72%，且油脂转化为甲烷的效率较高，为1.44L/g（理论值，以VS计），而蛋白质和糖类分别为0.98和0.75L/g（理论值，以VS计）。由此可见，油脂的甲烷转化率明显高于糖类和蛋白质。任连海等在中温（35℃）和高温（55℃）条件下，研究了不同含油率（0%、2%、4%、6%、8%、10%）对餐厨垃圾干式厌氧消化过程中日产气量、累计产气量、总固体（TS）、挥发性固体（VS）及甲烷产量的影响（图7-6）。结果表明，在中温和高温条件下，当含油率为6%时，200g餐厨垃圾的累计产气量达最大值，分别为1391.6mL和2165.9mL。此时，TS和VS的去除率也最高，中温时去除率分别为29.4%（TS）和33.9%（VS），高温时去除率分别为33.2%（TS）和38.0%（VS）。在餐厨垃圾干式厌氧消化过程中，甲烷的产量占可燃气的体积分数逐渐升高。在中温厌氧消化条件下，含油率为10%的餐厨垃圾发酵进行到26d时，甲烷的体积分数最高，为80.5%；在高温干式厌氧消化条件下，含油率为10%的餐厨垃圾发酵进行到23d时，甲烷的体积分数最高，为84.2%。

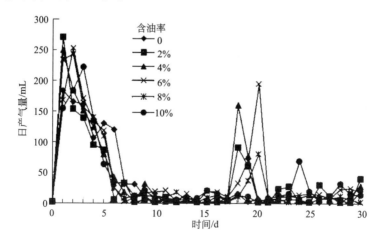

图7-6　含油率对餐厨垃圾中温干式厌氧消化日产气量的影响

但是，油脂在餐厨垃圾厌氧消化过程中降解和转化的产物如长链脂肪酸（LCFA）、挥发性脂肪酸等积累到一定程度的时候，极易使系统酸化，尤其是乙酸的积累会打破系统稳定性使得系统酸化。周洪波等研究表明油脂的抑制作用是高浓度长链脂肪酸吸附在细胞膜表面上，阻止了物质传递，未经降解的油脂包裹着微生物抑制了产酸和产甲烷菌的活性。Mykhaylovin 的研究证明长链脂肪酸对产甲烷菌的抑制高于对产酸菌的抑制。

7.4.8　碳氮比

微生物的生长需要适宜比例的营养元素（如碳源、氮源等），碳氮比是影响厌氧消化的一个重要参数，它不但影响厌氧消化的沼气产率，而且影响发酵液的氨氮浓度等。较适宜的 C/N 值有利于微生物的生长，C/N 值过低或过高均会导致较低的厌氧消化效率，甚至发酵失败。Kumar 等进行了果蔬类废弃物与餐厨垃圾混合的研究，利用响应面技术确定了总 VS 去除率最高时的最佳 C/N 值和湿度，结果表明较适宜的 C/N 值在 13.9～19.6 之间，当 C/N 值为 19.6 时厌氧消化能够高效地进行。

7.4.9　共发酵

在厌氧消化系统中，微生物生长所必需的碳、氮、磷及水和维生素等营养物质的比例对厌氧处理系统的运行至关重要。餐厨垃圾厌氧消化时，由于餐厨垃圾的高含水率（69%～84%）和高有机物含量（大约占干物质质量的 90%），使得餐厨垃圾在厌氧消化过程中极易水解酸化而造成挥发性有机酸的积累，从而打破厌氧消化体系内产酸相和产甲烷相之间的有序代谢平衡，从而引起厌氧消化系统"酸败"。另外，由于餐厨垃圾富含油脂，而油脂水解产生的长链脂肪酸比短链挥发性脂肪酸（如乙酸和丙酸等）的抑制毒性还要大。此外，由于餐厨垃圾中富含蛋白质，其 C/N 值远低于厌氧消化最适宜的碳氮比范围（20～30），容易产生总氨氮浓度过高从而对后续产甲烷过程产生抑制的情况。适宜的基质营养比可以促进厌氧消化过程的稳定运行，提高厌氧消化系统的稳定性和处理效率。通过不同原料的混合进行共发酵可以达到这个目的。秸秆的 C/N 值又远高于厌氧消化适宜的碳氮比，容易造成有机酸积累、反应器体系酸化、系统缓冲能力下降等问题。故有学者将两者联合起来共同消化，发现餐厨垃圾与玉米秸秆混合厌氧消化可以提高厌氧消化系统的缓冲性和稳定性，并且可以提高产气量以及甲烷产率，高负荷下的处理能力也优于两者单独发酵，同时增加餐厨垃圾的比例可以增加甲烷含量、缩短停留时间。

7.4.10　盐分

高浓度的盐分会对餐厨垃圾厌氧消化系统产甲烷过程产生抑制毒性。餐厨垃圾易于酸化，引起餐厨垃圾厌氧消化系统的 pH 值降低，这样就需要添加盐类以调节pH 值，增加系统的碱度和缓冲能力。再加上餐厨垃圾本身所含有的大量无机盐分，盐分对餐厨垃圾厌氧消化系统的抑制作用就变得不可忽视。

Kim 等研究表明，对餐厨垃圾的厌氧消化，只有当 Na^+ 的浓度大于 5000mg/L 时，才对最终的甲烷转化有不利影响。Na^+ 对厌氧污泥活性的抑制是可逆的，产甲烷活性被 Na^+ 抑制达到 80% 的颗粒污泥在除去 Na^+ 并加入新的培养液后可以立即几乎完全恢复其活性，即可以认为 Na^+ 是一种代谢毒素。厌氧微生物对 Na^+ 具有很大的潜在的驯化能力。

7.4.11 微量元素

厌氧微生物在厌氧消化过程中，细胞合成代谢不仅需要大量元素——碳（C）、氢（H）、氧（O）、氮（N）、磷（P）、硫（S）等，而且也需要多种微量元素。厌氧消化微生物中的微量元素及其功能见表 7-5。研究指出微量元素除参与合成厌氧微生物细胞外，还参与合成和激活厌氧消化产甲烷过程中的多种酶系统。国内外的研究和实际沼气工程的运行结果表明微量元素不足往往会导致有机物降解不充分、挥发性有机酸累积、酸碱平衡失稳和系统运行不稳定等。在正常操作条件下，若沼气工程运行不稳定，则首要考虑的制约因素为微量元素含量的缺乏及其生物有效性的降低。

表 7-5 厌氧消化微生物中的微量元素及其功能

元素	酶	微生物	元素功能
Fe	CO 脱氢酶 乙酰辅酶 A 合成酶 氢化酶 NO 还原酶 亚硝酸盐还原酶 硝酸盐还原酶 固氮酶 甲烷单加氧酶 超氧化物歧化酶	产甲烷菌/产乙酸菌 *Moorellathermoacetica* *Desulfovibrio,Esherichiacoli* 假单胞反硝化细菌 *Pseudomonas stutzeri* *P. denitrificans* 产甲烷菌	①Fe 是产甲烷菌细胞中含量最高的金属元素；②能够合成和激活多种酶的活性；③能够沉淀硫化物，降低硫化物的毒性；④刺激胞外聚合物的分泌
Co	转甲基酶 CO 脱氢酶 类咕啉酶	产甲烷菌/产乙酸菌 产甲烷菌/产乙酸菌 巴氏甲烷八叠球菌	①Co 存在于特定的酶中，同时是咕啉类物质的组成成分；②是一氧化碳脱氢酶(CO-dehydrogenase,CODH)重要组成成分，脱氢酶是一类催化物质氧化还原反应的酶，该酶在产乙酸过程中起重要作用
Ni	CO 脱氢酶 乙酰辅酶 A 合成酶 甲基辅酶合成酶 脲酶 氢化酶	产甲烷菌/产乙酸菌 *Moorellathermoacetica* 产甲烷菌 产甲烷菌	①Ni 是甲基辅酶还原酶的活性酶(F_{430} 因子)的重要组成元素；②H_2 还原 CO_2 合成甲烷的生物过程离不开 Ni；③Ni 参与合成一氧化碳脱氢酶（CO-dehydrogenase，CODH）；④Ni 对硫酸盐还原菌具有重要作用
Cu	乙酰辅酶 A 合成酶 亚硝酸盐还原酶 氨单加氧酶 超氧化物歧化酶 氢化酶	*Moorellathermoacetica* *Pseudomonas stutzeri* 硝化细菌 产甲烷菌 兼性厌氧菌	①Cu 是超氧化物歧化酶（super oxide dismutase,SOD）和氢化酶（hydrogenase）的重要组成成分,氢化酶能够催化氢气的氧化或者质子的还原这一可逆化学反应；②Cu 是构成产甲烷菌组织的重要元素之一

元素	酶	微生物	元素功能
Zn	甲酸盐脱氢酶 超氧化物歧化酶 氢化酶	产甲烷菌 产甲烷菌 兼性厌氧菌	①Zn是多种产甲烷菌的组成成分；②参与合成甲酸盐脱氢酶（formatedehydrogenase，FDH）、超氧化物歧化酶（superoxide dismutase，SOD）、氢化酶（hydrogenase）
Se	氢化酶 甲酸盐脱氢酶	产甲烷菌 产甲烷菌	参与构成甲酸盐脱氢酶（FDH）
Mo	甲酸盐脱氢酶 硝酸盐还原酶 固氮酶 甲酸脱氢酶	产甲烷菌 *P. denitrificans* 甲基杆菌	①参与构成甲酸盐脱氢酶（formatedehydrogenase，FDH）；②抑制硫酸盐还原菌的代谢，制约硫化物的生成
W	甲酸盐脱氢酶 甲基呋喃脱氢酶	产甲烷菌 产甲烷菌	参与构成甲酸盐脱氢酶（FDH），促进产甲烷菌利用 CO_2 和 H_2 合成甲烷

张杰以猪场废水和餐厨垃圾进行联合消化的结果表明，联合厌氧消化系统的产气性能和稳定性明显优于仅以餐厨垃圾为原料的消化系统，这可能是由于废水中含有的微量元素 Fe、Co、Ni、Mo 等促进了产甲烷过程。吴树彪等学者采用 CSTR 反应器在中温（37±1）℃下探究了微量元素 Fe、Co、Ni、Se、Mo、W 对餐厨垃圾厌氧消化的影响。研究结果表明，当水力停留时间为 40d，有机负荷为 3g/（L·d）时，添加微量元素溶液的处理组和未添加微量元素溶液的对照组的甲烷平均日产量分别为 7.1L、6.7L，两者的甲烷体积分数分别为 62.7% 和 61.6%；当有机负荷为 4g/（L·d）时，对照组甲烷体积分数下降为 19.5%，而处理组稳定在 60% 左右，且对照组的 pH 值由 7.35 下降为 5.24，厌氧消化失败，而处理组的 pH 值保持在 7.2 左右，厌氧消化仍能稳定运行。实验结果表明，微量元素能够在一定程度上提高餐厨垃圾厌氧消化的产甲烷效率和稳定性。

7.5 餐厨垃圾厌氧消化处理工艺

厌氧消化技术有多种分类。根据餐厨垃圾中固体物含量可分为干法厌氧消化和湿法厌氧消化；根据反应级数可分为单相厌氧消化和两相厌氧消化；根据运行的连续性又可分为批式厌氧消化和连续式厌氧消化；根据温度还可分为常温厌氧消化、中温厌氧消化和高温厌氧消化。在工程应用中应根据餐厨垃圾实际特点选择合适的厌氧消化处理工艺。

7.5.1 干式厌氧消化和湿式厌氧消化

一般来讲，餐厨垃圾的固含量低于 15% 的消化工艺属于湿式厌氧消化，而餐厨垃圾固含量高于 15% 的工艺则属于干式厌氧消化。20 世纪 80 年代之前对厌氧消化工艺的研究主要集中在湿式厌氧消化上，进入 90 年代后干式厌氧消化工艺也开始受到越来越多的关注。由于一般不需要添加稀释水，且具有较高的有机负荷和产气效率，干式厌氧消化工艺在餐厨垃圾处理方面越来越受到重用。干发酵反应器见图 7-7。

图 7-7　干发酵反应器（青岛天人环境股份有限公司制造）

7.5.2　常温、中温和高温厌氧消化

当餐厨垃圾进行厌氧消化不经过加温直接在常温下进行消化时，我们称为常温消化。常温消化的工艺简单、造价低，但是其温度随季节、气温变化，处理效果和产气率都不稳定。目前，部分小规模的餐厨垃圾厌氧消化会采取常温厌氧消化，世界各国的大中型厌氧消化厂多采用中高温厌氧消化。将餐厨垃圾的温度加热并控制在 50～60℃之间的消化称为高温厌氧消化，高温下有机物分解快，滞留时间短，且具有一定的杀灭有害病菌和寄生虫卵的功效。中温消化系统所需温度低，维持在 30～35℃，所以需要提供的能量也比较少。从能量回收的角度来讲，中温消化同样具有比较高的产气效率和有机物消化速度，因此中温厌氧消化被认为是一种较理想的工艺类型。

7.5.3　批式厌氧消化和连续式厌氧消化

批式厌氧消化是指在厌氧消化中，将餐厨垃圾一次性加入反应器中直至消化反应结束，运行过程中不再进料，接种物为餐厨垃圾中自身携带的微生物或是另外的污泥，待一个批次的餐厨垃圾完成一个发酵周期后排掉发酵残渣并重新进料。连续式运行指的是从投料启动后，每天定时连续定量地添加新的餐厨垃圾以及排出消化残渣。Rajeshwari 等学者采用批式反应器厌氧消化混合果蔬垃圾，起始固体浓度为 5％，在第 26 天气体产生速率最大，经过 47 天平均气体产率为 0.16mL/g VS。批式厌氧消化的缺点主要是气体产生随时间分配不均匀，主要在消化后期产生，反应器容积利用率低，在实际的大型工程应用中并不见见，但因其设计简单、运行管理方便、投资建设费用低的优点，常见于小型的户用沼气池。此外，批式厌氧消化试验常用来为连续式工艺参数优化设计提供基础参数。

7.5.4 单相厌氧消化和两相厌氧消化

单相厌氧消化工艺是传统的厌氧消化工艺，其特点是餐厨垃圾的整个消化过程都在同一个反应器内完成，系统的操作、维护较简单。在19世纪80年代，美国学者 Ghosh 和 Pohland 通过对厌氧微生物代谢机理和微生物种群生态学的研究，提出了两相厌氧概念。其本质特征是实现了生物相的分离，即通过动力学参数的调控手段，使世代时间较长的产甲烷细菌被"冲出"，从而保证酸化相反应器中选择性地培养出以产酸和发酵细菌为主的世代时间较短的菌群，而在后续的产甲烷相反应器中控制相对较长的水力停留时间从而使产甲烷细菌在其中能存留下来，达到将酸化相（acidogenic phase）和产甲烷相（methanogenic phase）两个独立的处理单元有效地分离，从而大幅度提高有机废弃物处理能力和反应器的运行稳定性。

关于单相和两相厌氧消化在餐厨垃圾中应用的优劣问题，学术界争论较多。虽然两相厌氧消化可以使两类菌群均处于各自适宜的环境下繁殖生长，降低在有机负荷过高的情况下抵御挥发有机酸积累对于后续甲烷产气的抑制，降低反应器中不稳定因素的影响，从而提高反应器的负荷和产气的效率，但是在实际应用中，两相厌氧消化的优势并不明显。王星等人通过实验分析认为，两相法与单相法厌氧消化工艺应用于餐厨垃圾处理时，从累积产气量来分析两者几乎不存在差异，甲烷产率分别达到 135.66L/kg 和 134.56L/kg（以 VS 计），而且两相法同样会遇到酸积累的问题，而单相法的工艺运行简单，产气周期短，应用到工业化生产上，单相法具有明显优势。就欧洲而言，两相消化所占的比重比单相消化要小得多。Mtz. Viturtia 等学者通过切碎的蔬菜水果垃圾作为原料进行消化试验，结果表明两相厌氧消化与单相厌氧消化的比产气量值分别为 $0.63m^3/kg(VS)$ 和 $0.623m^3/kg(VS)$，产气量相差无几。这就是学术界的研究结果与实际工程应用现状的差异，鉴于我国的餐厨垃圾厌氧消化技术相对落后，因此在餐厨垃圾厌氧消化技术实际应用之前，有必要对于单相和两相的运行特性进行研究。

7.6 餐厨垃圾厌氧消化关键设备

7.6.1 破碎除杂设备

分选后的餐厨垃圾中含有较多有机物，如烂水果、蔬菜、肉块等，若直接进行厌氧消化，体积较大的物质在管道内输送或在发酵罐内搅拌会对设备的稳定运行产生影响，同时厌氧消化不充分，发酵效率低。餐厨垃圾通常需先破碎后再进入厌氧消化系统进行发酵。常用的机械破碎方法有压碎、劈碎、剪碎、磨碎和冲击破碎等。餐厨垃圾的特性直接影响破碎方法的选择，对于柔韧性废弃物宜采用剪切和冲击破碎。餐厨垃圾常用的破碎设备有锤式破碎机、冲击式破碎机、剪切式破碎机和辊式破碎机。

7.6.2 油水分离系统

餐厨垃圾中的油脂可以被厌氧消化降解，但油脂的性质决定了其降解过程十分缓慢，并且极易在反应器内与其他物质形成黏度较大的悬浮物，影响设备的正常运行，因此在餐厨垃圾厌氧消化工艺中通常先去除餐厨垃圾中的油脂。油脂在餐厨垃圾中以游离态和固态存在。固态的油脂必须经过高温之后才能转换为游离态，餐厨垃圾一般先通过加温系统，将固态油脂转换成游离态油脂，再进入油水分离系统（图 7-8）。

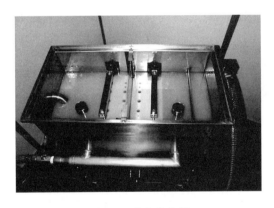

图 7-8 油水分离器

目前，餐厨垃圾油水分离常用的技术有离心分离技术和气浮分离技术。离心分离技术是利用两相密度差，通过高速旋转产生不同的离心力，使轻组分油和重组分水分布在旋转器壁面和中心，实现油水分离。离心油水分离设备停留时间较短、设备体积小，但存在阻力较大、能耗高、不易维护等缺点。气浮分离技术是使大量微细气泡吸附在预去除的颗粒上，利用气体的浮力将油脂带出水面，从而实现油水分离。气浮油水分离设备处理效果好且稳定，但动力消耗大，维护保养困难，且浮渣难处理。

7.6.3 除砂均浆系统

餐厨垃圾破碎后还有一些颗粒较小、在厌氧消化罐内不能被降解的固体物质，如细砂等。这些物质进入厌氧消化罐内会磨损发酵罐和搅拌器，减少设备使用寿命。发酵罐长时间运行时，还会在发酵罐底部形成堆积，降低发酵罐的有效使用体积。除砂系统是将这部分物质分离出去，剩下的可降解物质进入发酵罐内，从而提高厌氧消化罐的工作效率。除砂方法分为重力沉降和离心沉降。重力沉降利用沉砂装置通过自重沉降完成集砂，定期将砂排放到砂水分离器中，进行砂水分离。离心沉降是依靠离心力作用实现沉降，离心沉降的典型设备为旋液分离器，液体从旋液分离器圆形的器壁切线方向进入，液体向壁表面快速旋转，固体颗粒轴向向下沉降。旋液分离器没有运动部件，结构简单，分离效能高，体积小，应用比较广泛。

7.6.4 厌氧消化系统

图 7-9 ECOPAD餐厨专用厌氧反应器
（青岛天人环境股份有限公司制造）

经过预处理后的餐厨垃圾进入厌氧消化系统内，系统内设有搅拌装置，将罐内的物料搅拌均匀，同时内部或外部铺设保温系统，以保证厌氧消化所需温度。厌氧消化的关键设备为厌氧反应器（图7-9），厌氧反应器的发展经历了三个世代：第一代反应器以厌氧消化池为代表，废水与厌氧污泥完全混合，属低负荷系统；第二代反应器可以将固体停留时间和水力停留时间分离，能保持大量的活性污泥，并注重培养颗粒污泥，属高负荷系统；第三代反应器在将固体停留时间和水力停留时间分离的前提下，使固、液两相充分接触，从而既能保持大量污泥又能使废水和活性污泥之间充分混合、接触，达到了真正的高效。随着厌氧反应器的发展，其处理效率不断提高，适用范围也由原来的污泥、粪便消化扩展到对各种固体废弃物的处理。目前市场上的厌氧反应器五花八门，在实践应用过程中发现的主要问题有：反应器底部排砂效果差；搅拌效率低，导致反应器表面出现浮渣；发酵不充分等。

相较于发达国家，我国的餐厨垃圾处理起步比较晚。由于我国地域辽阔，各地区餐厨垃圾的特点也不尽相同，直接引进国外的设备往往难以完全适应，所以应该针对每个地区的饮食特点，设计相应的系统化设备，在我国更具有实际应用价值。

本 章 小 结

目前，我国的餐厨垃圾处理正处于一个快速发展阶段，继北京、上海等一线城市建成数个餐厨垃圾处理厂后，苏州、兰州、宁波等二线城市也建起相应的设备进行餐厨垃圾的处置工作。厌氧消化技术因其具有较高的有机负荷承载能力，且全程封闭，不会造成二次污染等问题，还可以产生甲烷、氢气等清洁能源气体，在现阶段国内餐厨垃圾处理工艺中占比高达60%以上，有良好的发展前景。

但是由于我国幅员辽阔，各地区因其气候、文化等差异，餐厨垃圾的特点有所差别，而且厌氧消化过程中各微生物对于原料的敏感程度又不尽相同，所以应该根据物料差异，进行影响因素分析，采取不同的处理工艺，选取与技术相对应的系统化设备，只有这样才能充分发挥厌氧消化的优势，实现环境、社会和经济效益的协调统一。

参 考 文 献

[1] Zhang R，El-Mashad H M，Hartman K，et al. Characterization of food waste as feedstock for anaerobic digestion [J]. Bioresource Technology，2007，98（4）：929-935.

[2] Ji H J，Lee D S，Park D，et al. Biological hydrogen production by immobilized cells of Clostridium tyrobutyricum JM1 isolated from a food waste treatment process [J]. Bioresource Technology，2008，99（14）：6666-6672.

[3] Kim J K，Le N，Chun Y N，et al. Hydrogen production conditions from food waste by dark fermentation with Clostridium beijerinckii，KCTC 1785 [J]. Biotechnology& Bioprocess Engineering，2008，13（4）：499-504.

[4] Han S K，Shin H S. Performance of an innovative two-stage process converting food waste to hydrogen and methane [J]. Journal of the Air & Waste Management Association，2004，54（2）：242-249.

[5] Chu C F，Li Y Y，Xu K Q，et al. A Ph-and temperature-phased two-stage process for hydrogen and methane production from food waste [J]. International Journal of Hydrogen Energy，2008，33（18）：4739-4746.

[6] Chu C F，Ebie Y，Xu K Q，et al. Characterization of microbial community in the two-stage process for hydrogen and methane production from food waste [J]. International Journal of Hydrogen Energy，2010，35（15）：8253-8261.

[7] Baere L. Will anaerobic digestion of solid waste survive in the future? [J]. Water Science & Technology，2006，53（8）：187-194.

[8] Kayhanian M. Biodegradability of the organic fraction of municipal solid waste in a high-solids anaerobic digester [J]. Waste Management & Research，1995，13（2）：123-136.

[9] Rapport J，Zhang R，Jenkins B，et al. Current anaerobic digestion technologies used for treatment of municipal organic solid waste [J]. University of California，Davis，Contractor Report to the California Integrated Waste Management Board，2008.

[10] 王飞，蔡亚庆，仇焕广. 中国沼气发展的现状、驱动及制约因素分析 [J]. 农业工程学报，2012，28（1）：184-189.

[11] 农业部科技教育司，农业部能源环保技术开发中心. 年度全国农村可再生能源统计汇总表 [Z]. 2009.

[12] 董仁杰，刘广青，侯允，曾有为，颜丽，北村丰，山口智治. 中国沼气利用现状 [J]. 农业工程学报，2001，17（7）：1-6.

[13] 徐剑波. 两阶段 ASBR 处理厨余垃圾的实验研究及 Na⁺ 对厌氧消化影响的研究 [D]. 上海：上海交通大学，2004.

[14] 纪荦. 废水厌氧生物处理理论与技术 [M]. 北京：中国建筑工业出版社，2003.

[15] Bryant M，Wolin E，Wolin M，et al. Methanobacillus omelianskii，a symbiotic association of two species of bacteria [J]. Archiv für Mikrobiologie，1967，59（1-3）：20-31.

[16] Bryant M. Microbial methane production——theoretical aspects [J]. Journal of Animal Science，1979，48（1）：193-201.

[17] Zeiku J. Microbial populations in digesters；proceedings of the Anaerobic digestion：[proceedings of the first International Symposium on Anaerobic Digestion，held at University College，Cardiff，Wales，September 1979] /edited by DA Stafford，BI Wheatley and DE Hughes，F，1980 [C]. London，Ap-

plied Science Publishers，1980.

[18] Gerardi M H. The microbiology of anaerobic digesters [M]. John Wiley & Sons，2003.

[19] 贺延龄. 废水的厌氧生物处理 [M]. 北京：中国轻工业出版社，1998.

[20] 斯皮思，李亚新. 工业废水的厌氧生物技术 [M]. 北京：中国建筑工业出版社，2001.

[21] Gerber M，Span R. An analysis of available mathematical models for anaerobic digestion of organic substances for production of biogas [J]. Proc IGRC，Paris，2008.

[22] Mcinerney M J，Bryant M P. Anaerobic degradation of lactate by syntrophic associations of Methanosarcina barkeri and Desulfovibrio species and effect of H2 on acetate degradation [J]. Applied and Environmental Microbiology，1981，41（2）：346-354.

[23] 野池达也. 甲烷发酵 [M]. 北京：化学工业出版社，2014.

[24] Westerholm M. Biogas production through the syntrophic acetate-oxidising pathway [D]. Swedish University of Agricultural Science，2012.

[25] Gustavsson J，Yekta S S，Sundberg C，et al. Bioavailability of cobalt and nickel during anaerobic digestion of sulfur-rich stillage for biogas formation [J]. Applied Energy，2013，112：473-477.

[26] Vieitez E，Ghosh S. Biogasification of solid wastes by two-phase anaerobic fermentation [J]. Biomass and Bioenergy，1999，16（5）：299-309.

[27] Dayanthi W. Pre-treatment of domestic solid waste by enhanced leaching [D]. Asian Institute of Technology，2003.

[28] Taguchi F，Mizukami N，Saito-Taki T，et al. Hydrogen production from continuous fermentation of xylose during growth of Clostridium sp strain No. 2 [J]. Canadian journal of microbiology，1995，41（6）：536-540.

[29] Yokoi H，Tokushige T，Hirose J，et al. Hydrogen production by immobilized cells of aciduric Enterobacter aerogenes strain HO-39 [J]. Journal of Fermentation and Bioengineering，1997，83（5）：481-484.

[30] Lin C Y，Chang R C. Hydrogen production during the anaerobic acidogenic conversion of glucose [J]. Journal of Chemical Technology and Biotechnology，1999，74（6）：498-500.

[31] Lay J J，Lee Y J，Noike T. Feasibility of biological hydrogen production from organic fraction of municipal solid waste [J]. Water research，1999，33（11）：2579-2586.

[32] Fang H H，Liu H. Effect of pH on hydrogen production from glucose by a mixed culture [J]. Bioresource Technology，2002，82（1）：87-93.

[33] Juanga J P. Optimizing dry anaerobic digestion of organic fraction of municipal solid waste [D]. Asian Institute of Technology，2005.

[34] 许智，叶小梅，常志州，等. 温度对厨余垃圾和人粪尿污水混合液的水解酸化影响 [J]. 中国沼气，2011，29（3）：9-12.

[35] Jung G Y，Kim J R，Park J Y，et al. Hydrogen production by a new chemoheterotrophic bacterium Citrobacter sp. Y19 [J]. International Journal of Hydrogen Energy，2002，27（6）：601-610.

[36] Yu H，Zhu Z，Hu W，et al. Hydrogen production from rice winery wastewater in an upflow anaerobic reactor by using mixed anaerobic cultures [J]. International Journal of Hydrogen Energy，2002，27（11）：1359-1365.

[37] Sanders W，Geerink M，Zeeman G，et al. Anaerobic hydrolysis kinetics of particulate substrates [J]. Water Science and Technology，2000，41（3）：17-24.

[38] Veeken A，Hamelers B. Effect of temperature on hydrolysis rates of selected biowaste components [J]. Bioresource Technology，1999，69（3）：249-254.

[39] MataÁlvarez J. Biomethanization of the organic fraction of municipal solid wastes [M]. IWA publishing, 2003.

[40] 郭建斌, 董仁杰, 程辉彩, 等. 温度与有机负荷对猪粪厌氧发酵过程的影响[J]. 农业工程学报, 2012, 27 (12): 217-222.

[41] 李金平, 柏建华, 李珍. 不同恒温条件厌氧发酵的沼气成分研究[J]. 中国沼气, 2010, 28 (6): 20-23.

[42] 刘荣厚, 郝元元, 武丽娟. 温度条件对猪粪厌氧发酵沼气产气特性的影响[J]. 可再生能源, 2006, (5): 32-35.

[43] 陈智远, 蔡昌达, 石东伟. 不同温度对畜禽粪便厌氧发酵的影响[J]. 贵州农业科学, 2009, 37 (12): 148-151.

[44] Gerardi M H. The microbiology of anaerobic digesters [M]. John Wiley & Sons, 2003.

[45] Killilea J, Colleran E, Scahill C. Establishing procedures for design, operation and maintenance of sewage sludge anaerobic treatment plants [J]. Water Science and Technology, 2000, 41 (3): 205-212.

[46] Kida K, Morimura S, Sonoda Y. Accumulation of propionic acid during anaerobic treatment of distillery wastewater from barley Shochu making [J]. Journal of Fermentation and Bioengineering, 1993, 75 (3): 213-216.

[47] Pullammanappallil P C, Chynoweth D P, Lyberatos G, et al. Stable performance of anaerobic digestion in the presence of a high concentration of propionic acid [J]. Bioresource Technology, 2001, 78 (2): 165-169.

[48] 任南琪, 王爱杰. 厌氧生物技术原理与应用[M]. 北京: 化学工业出版社, 2004.

[49] De Baere L, Devocht M, Van Assche P, et al. Influence of high NaCl and NH4Cl salt levels on methanogenic associations [J]. Water research, 1984, 18 (5): 543-548.

[50] Sung S, Liu T. Ammonia inhibition on thermophilic anaerobic digestion [J]. Chemosphere, 2003, 53 (1): 43-52.

[51] Angelidaki I, Ahring B. Anaerobic thermophilic digestion of manure at different ammonia loads: effect of temperature [J]. Water research, 1994, 28 (3): 727-731.

[52] Ince O. Performance of a two-phase anaerobic digestion system when treating dairy wastewater [J]. Water research, 1998, 32 (9): 2707-2713.

[53] Fruteau De Laclos H, Desbois S, Saint Joly C. Anaerobic digestion of municipal solid organic waste: Valorga full-scale plant in Tilburg, the Netherlands [J]. Water Science and Technology, 1997, 36 (6): 457-462.

[54] Pavan P, Battistoni P, Cecchi F, et al. Two-phase anaerobic digestion of source sorted OFMSW (organic fraction of municipal solid waste): performance and kinetic study [J]. Water Science and Technology, 2000, 41 (3): 111-118.

[55] Kayhanian M, Rich D. Pilot-scale high solids thermophilic anaerobic digestion of municipal solid waste with an emphasis on nutrient requirements [J]. Biomass and Bioenergy, 1995, 8 (6): 433-444.

[56] 刘战广, 朱洪光, 王彪, 等. 粪草比对干式厌氧发酵产沼气效果的影响[J]. 农业工程学报, 2009, 25 (4): 196-200.

[57] Al Masri M. Changes in biogas production due to different ratios of some animal and agricultural wastes [J]. Bioresource Technology, 2001, 77 (1): 97-100.

[58] Skoulou V, Zabaniotou A. Investigation of agricultural and animal wastes in Greece and their allocation to potential application for energy production [J]. Renewable and Sustainable Energy Reviews, 2007, 11 (8): 1698-1719.

[59] Lehtom Ki A, Huttunen S, Rintala J. Laboratory investigations on co-digestion of energy crops and crop residues with cow manure for methane production: effect of crop to manure ratio [J]. Resources, Conservation and Recycling, 2007, 51 (3): 591-609.

[60] 陈广银, 郑正, 邹星星, 等. 稻草与猪粪混合厌氧消化特性研究 [J]. 农业环境科学学报, 2009, 28 (1): 185-188.

[61] 刘鹏, 李勇, 闫树军. 浅谈生物质资源利用现状及对策 [J]. 新疆农机化, 2016, 5 (1): 42-45.

[62] Ferry J G. Enzymology of one-carbon metabolism in methanogenic pathways [J]. FEMS Microbiology Reviews, 1999, 23 (1): 13-38.

[63] Seravalli J, Gu W, Tam A, et al. Functional copper at the acetyl-CoA synthase active site [J]. Proceedings of the National Academy of Sciences, 2003, 100 (7): 3689-3694.

[64] Sawers G. The hydrogenases and formate dehydrogenases of Escherichia coli [J]. Antonie Van Leeuwenhoek, 1994, 66 (1-3): 57-88.

[65] Ferguson S J. Denitrification and its control [J]. Antonie van Leeuwenhoek, 1994, 66 (1-3): 89-110.

[66] Schindelin H, Kisker C, Schlessman J L, et al. Structure of ADP×AlF4 (-) -stabilized nitrogenase complex and its implications for signal transduction [J]. Nature, 1997, 387 (6631): 370-376.

[67] Fermoso F G, Bartacek J, Jansen S, et al. Metal supplementation to UASB bioreactors: from cell-metal interactions to full-scale application [J]. Science of the Total Environment, 2009, 407 (12): 3652-3667.

[68] Shima S, Warkentin E, Thauer R K, et al. Structure and function of enzymes involved in the methanogenic pathway utilizing carbon dioxide and molecular hydrogen [J]. Journal of Bioscience and Bioengineering, 2002, 93 (6): 519-530.

[69] Jansen S, Steffen F, Threels W F, et al. Speciation of Co (Ⅱ) and Ni (Ⅱ) in anaerobic bioreactors measured by competitive ligand exchange-adsorptive stripping voltammetry [J]. Environmental Science & Technology, 2005, 39 (24): 9493-9499.

[70] Hausinger R. Nickel enzymes in microbes [J]. Science of the Total Environment, 1994, 148 (2): 157-166.

[71] Ensign S A, Hyman M R, Arp D J. In vitro activation of ammonia monooxygenase from Nitrosomonas europaea by copper [J]. Journal of Bacteriology, 1993, 175 (7): 1971-1980.

[72] Zandvoort M, Van Hullebusch E, Fermoso F G, et al. Trace metals in anaerobic granular sludge reactors: bioavailability and dosing strategies [J]. Engineering in Life Sciences, 2006, 6 (3): 293-301.

[73] Choong Y Y, Norli I, Abdullah A Z, et al. Impacts of trace element supplementation on the performance of anaerobic digestion process: A critical review [J]. Bioresource Technology, 2016, 209: 369-379.

[74] Takashima M, Speece R, Parkin G F. Mineral requirements for methane fermentation [J]. Critical Reviews in Environmental Science and Technology, 1990, 19 (5): 465-479.

[75] Demirel B, Scherer P. Trace element requirements of agricultural biogas digesters during biological conversion of renewable biomass to methane [J]. Biomass and Bioenergy, 2011, 35 (3): 992-998.

[76] Callander I, Barford J. Precipitation, chelation, and the availability of metals as nutrients in anaerobic digestion I Methodology [J]. Biotechnology and Bioengineering, 1983, 25 (8): 1947-1957.

[77] Karlsson A, Einarsson P, Schn Rer A, et al. Impact of trace element addition on degradation efficiency of volatile fatty acids, oleic acid and phenyl acetate and on microbial populations in a biogas digester [J]. Journal of Bioscience and Bioengineering, 2012, 114 (4): 446-452.

[78] Gustavsson J, Svensson B, Karlsson A. The feasibility of trace element supplementation for stable

operation of wheat stillage-fed biogas tank reactors [J]. Water Science and Technology, 2011, 64 (2): 320-325.

[79] Sharma J, Singh R. Effect of nutrients supplementation on anaerobic sludge development and activity for treating distillery effluent [J]. Bioresource Technology, 2001, 79 (2): 203-206.

[80] Ivanov V, Stabnikova E, Stabnikov V, et al. Effects of iron compounds on the treatment of fat-containing wastewaters [J]. Applied Biochemistry and Microbiology, 2002, 38 (3): 255-258.

[81] Bayr S, Pakarinen O, Korppoo A, et al. Effect of additives on process stability of mesophilic anaerobic monodigestion of pig slaughterhouse waste [J]. Bioresource Technology, 2012, 120: 106-113.

[82] Patidar S, Tare V. Soluble microbial products formation and their effect on trace metal availability durin aneaerobic degradation of sulfate laden organics [J]. Water Science and Technology, 2008, 58 (4): 749-755.

[83] 何荣玉, 袁月祥, 闫志英, 等. 提高沼气产量的外源添加物筛选研究 [J]. 农业工程学报, 2008, 10: 181-185.

[84] 陈琳, 谷洁, 高华, 等. Cu 对厌氧发酵中水解酶活性及沼气产量的影响 [J]. 农业工程学报, 2012, 28 (9): 202-207.

[85] Moestedt J, Nordell E, Yekta S S, et al. Effects of trace element addition on process stability during anaerobic co-digestion of OFMSW and slaughterhouse waste [J]. Waste Management, 2016, 47: 11-20.

[86] Banks C J, Zhang Y, Jiang Y, et al. Trace element requirements for stable food waste digestion at elevated ammonia concentrations [J]. Bioresource Technology, 2012, 104: 127-135.

[87] Scherer P, Lippert H, Wolff G. Composition of the major elements and trace elements of 10 methanogenic bacteria determined by inductively coupled plasma emission spectrometry [J]. Biological Trace Element Research, 1983, 5 (3): 149-163.

[88] Kugelman I J, Chin K K. Toxicity, synergism and antagonism in anaerobic waste treatment processes [J]. Advances in Chemistry Series, 1971, 105: 55-90.

[89] Field J A, Sierra R. Waste characteristics and factors affecting reactor performance. In: Int Course on Anaerobic Wastewater Treatment. The Netherlands: WAU, 1990.

[90] Kim I S, Kim D H, Hyun S H. Effect of particle size and sodium ion concentration on anaerobic thermophilic food waste digestion [J]. Water Science and Technology, 2000, 41 (3): 67-73.

[91] 刘建伟, 何岩. 餐厨垃圾两相厌氧发酵技术研究和应用进展 [J]. 科学技术与工程, 2017, (6): 188-196.

[92] 张永梅, 王晓昌, 程喆. 温度对餐厨垃圾自由厌氧发酵性能的影响 [J]. 环境工程学报, 2017, (2): 1087-1092.

[93] 刘锦伦, 曾婷, 熊亭. 厌氧发酵技术在餐厨垃圾与城市污泥协同处置中的应用与研究 [J]. 环境与可持续发展, 2017, (1): 96-97.

[94] 夏嵩, 晏恒, 付尹宣, 付嘉琦. 餐厨垃圾厌氧发酵产沼气潜力及其动力学研究 [J]. 能源研究与管理, 2016, (4): 22-25.

[95] 王艳琴, 张洁, 刘月娥, 赵晨曦. 初始 pH 值对餐厨垃圾高温高含固率厌氧发酵产酸的影响 [J]. 桂林理工大学学报, 2016, (3): 562-566.

[96] 刘家燕, 赵爽, 姜伟立, 金慧宁, 王风庆, 李仙光, 张怀玉. 餐厨垃圾厌氧消化处理技术工程应用 [J]. 环境科技, 2016, (5): 43-46.

[97] 陈泓, 王雯, 严湖, 陈畅, 刘广青, 张瑞红. 氨氮对有机废弃物厌氧消化的影响及调控策略 [J]. 环境科学与技术, 2016, (9): 88-95.

[98] 郝春霞，陈灏，赵玉柱. 餐厨垃圾厌氧发酵处理工艺及关键设备 [J]. 环境工程，2016，（S1）：691-695.

[99] 张杰. 餐厨垃圾厌氧消化产甲烷工艺条件优化 [D]. 北京：北京化工大学，2016.

[100] 张万钦. 微量元素添加对餐厨垃圾和鸡粪厌氧消化性能的调控研究 [D]. 北京：中国农业大学，2016.

[101] 王攀，郭新愿，卢擎宇，任连海，李冰心，种宇轩，黄燕冰. 湿热预处理对餐厨垃圾高温干式厌氧消化的影响 [J]. 重庆大学学报，2016，（2）：64-70.

[102] 王星，尹小波，张敏，李强，周正，贺静，耿宇聪，李政伟. 油酸钠对餐厨垃圾两相厌氧消化中利用乙酸产甲烷过程的影响 [J]. 环境科学学报，2016，（9）：3306-3312.

[103] 翟宁宁. 餐厨垃圾厌氧消化过程稳定性及高效产气工艺研究 [D]. 杨凌：西北农林科技大学，2016.

[104] 吴清莲. 餐厨垃圾厌氧消化产挥发性脂肪酸的研究 [D]. 哈尔滨：哈尔滨工业大学，2015.

[105] 任连海，黄燕冰，王攀，张明露. 含油率对餐厨垃圾干式厌氧消化的影响 [J]. 环境科学学报，2015，（8）：2534-2539.

[106] 裴占江，刘杰，王粟，史风梅，高亚冰，张大雷. pH 值调控对餐厨垃圾厌氧消化效率的影响 [J]. 中国沼气，2015，（1）：17-21.

[107] 陈祥. 餐厨垃圾两相厌氧消化氨氮特性与控制方法研究 [D]. 杭州：浙江大学，2014.

[108] 吴树彪，郎乾乾，张万钦，董仁杰. 微量元素对餐厨垃圾厌氧消化的影响实验 [J]. 农业机械学报，2013，（11）：128-132.

[109] 陶治平. 氯化钠和蛋白质对餐厨垃圾厌氧消化的影响研究 [D]. 无锡：江南大学，2013.

[110] 张存胜. 厌氧消化技术处理餐厨垃圾产沼气的研究 [D]. 北京：北京化工大学，2013.

[111] 张玉静，蒋建国，王佳明. pH 值对餐厨垃圾厌氧消化产挥发性脂肪酸的影响 [J]. 中国环境科学，2013，（4）：680-684.

[112] 杨林海. 有机垃圾干式厌氧消化处理试验研究 [D]. 兰州：兰州理工大学，2013.

[113] 王巧玲. 餐厨垃圾厌氧消化过程的影响因素研究 [D]. 南京：南京大学，2012.

[114] 王飞，蔡亚庆，仇焕广. 中国沼气发展的现状、驱动及制约因素分析 [J]. 农业工程学报，2012，（1）：184-189.

[115] 刘军，刘涛，代俊，冯晓军. 厌氧消化处理餐厨垃圾工艺 [J]. 中国资源综合利用，2011，（9）：54-57.

[116] 易龙生，饶玲华，王鑫，王浩. 餐厨垃圾厌氧消化影响因素研究 [J]. 环境科学与技术，2011，（7）：94-97.

[117] 马磊，王德汉，谢锡龙，李亮，王梦男，文伟发，曾彩明. 接种量对餐厨垃圾高温厌氧消化的影响 [J]. 农业工程学报，2008，（12）：178-182.

[118] 曹先艳，袁玉玉，赵由才，牛冬杰. 温度对餐厨垃圾厌氧消化产氢的影响 [J]. 同济大学学报：自然科学版，2008，（7）：942-945，950.

[119] 王暾. 油脂和盐分对餐厨垃圾单级厌氧消化影响的试验研究 [D]. 重庆：重庆大学，2008.

[120] 何品晶，潘修疆，吕凡，邵立明. pH 值对有机垃圾厌氧水解和酸化速率的影响 [J]. 中国环境科学，2006，（1）：57-61.

[121] 张波，蔡伟民，何品晶. pH 调节方法对厨余垃圾两相厌氧消化中水解和酸化过程的影响 [J]. 环境科学学报，2006，（1）：45-49.

[122] 张显辉，张波，衣晓红. 餐厨垃圾处理方式的探讨 [J]. 环境科学与管理，2006，（1）：141-142.

[123] 徐剑波，张波，蔡伟民. 两阶段 ASBR 处理厨房垃圾的实验研究 [J]. 环境科学研究，2004，（5）：44-47.

第8章

餐厨垃圾好氧堆肥处理技术

本章阐述了当前国内外餐厨垃圾堆肥技术的进展、餐厨垃圾堆肥原理及影响因素，归纳并测算了餐厨垃圾堆肥工艺设施及餐厨垃圾制备有机肥的发展前景及效益，提出了餐厨垃圾堆肥环境风险评估，揭示了堆肥技术是实现餐厨垃圾资源化利用的有效途径。

8.1 餐厨垃圾堆肥技术进展

堆肥技术集废弃物处理与肥料生产于一体，契合固废处理无害化、减量化与资源化的可持续发展方向。餐厨垃圾堆肥化，不仅可以将其中有机质转化为大量腐殖质和"腐殖质-铁-磷"三元复合体，生产高营养价值肥料，避免营养物质的损失，还可以减少生活垃圾的处理量和成本。因此，堆肥化处理已经成为餐厨垃圾资源化过程的最佳选择。堆肥技术是公认的一项高效处理有机垃圾的技术，也是比较成熟的垃圾处理技术，且堆肥技术操作简单，堆肥过程易于控制，周期短，是目前普遍采用的有机废弃物处理技术。国外很多国家对分类后的餐厨垃圾均采用堆肥处理的方法。餐厨垃圾好氧堆肥工艺分析及趋势分析见表8-1。

美国2001年的城市生活垃圾产生量为2.29亿吨，餐厨垃圾总量为2620万吨，占其生活垃圾总量的11.4%。城市生活垃圾的处理方式主要为回收、堆肥、焚烧、填埋，2002年处理率分别占22.4%、7.2%、14.7%、55.7%。由于美国采用的是垃圾处理收费制度，其收费标准是以家庭垃圾的产生量为基准，家庭产生的垃圾多，收费就相应高，所以采取堆肥方式处理餐厨垃圾及庭院垃圾在美国的家庭中非常普及。在美国用堆肥方式处理餐厨垃圾一般集中在中西部地区，主要在监狱、学校等垃圾集中收集的地方。目前应用方向以蚯蚓堆肥、密封式容器堆肥较多。根据日本环境省统计，2007 年家庭餐厨垃圾量约为 119 万吨，其中 94％随垃圾进行焚烧处理和填埋处理；餐饮单位及食品加工单位产生的食品类垃圾 827 万吨，其中 26％进行饲料化利用，23％进行肥料化利用，42％随垃圾进行焚烧处理和填埋处理。堆肥的处理成本相对较低，而且处理工艺简单，而厌氧发酵制生物气虽然投资大，但是操作自动化程度高，而且可以解决部分能源问题，因此这两种方法成为近年来的主流技术方案。而对于资金雄厚的欧洲各国，厌氧发酵制生物气较为普及，对于资金有限的部分国家和地区而言，堆肥是应用最广泛的生物处理方法。但是厌氧消化技术在国内应用还不成熟，利用发酵工艺处理餐厨垃圾对进料纯度要求很高，即分类收集要求高。

表 8-1　餐厨垃圾好氧堆肥工艺分析及趋势分析

处理方式	处理费用分析	适用条件	应用状况及发展趋势
肥料法-好氧堆肥	总成本 40～80 元/t。堆肥产品收益基本可以忽略不计，处理收益不能弥补处理投入	单独收集的低水分含量的动植物类有机垃圾。水分高的有机垃圾需要添加大量结构性材料，以保证合适的透气性和 C/N 值。一般处理规模小于 100t/d	餐厨垃圾水分高，不适宜单独进行高温好氧堆肥，需要和其他可生物降解有机垃圾进行协同堆肥处理。未来有很大发展空间

8.2　餐厨垃圾堆肥的定义与成分

8.2.1　堆肥定义及原理

堆肥化（composting）是利用自然界广泛分布的细菌、真菌、放线菌等微生物或人工添加高效复合微生物菌系，将可生物降解的有机物向稳定的腐殖质转化的生物化学过程，期间伴随二氧化碳、水和热的生成。可用如下反应式表达（图 8-1）。

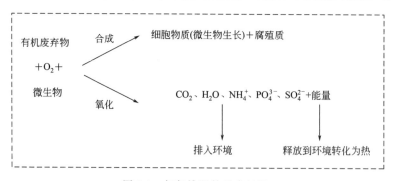

图 8-1　好氧堆肥的反应过程

生物通过自身的代谢作用，进行合成和氧化反应，合成反应是将吸收的有机物转化合成自身的细胞物质，完成自身的繁衍；氧化反应是彻底分解有机物产生二氧化碳、水和一些简单的无机物，并放出能量转化为环境中的热，使堆体温度升高。

8.2.2　堆肥处理过程

根据堆体温度变化规律，好氧堆肥过程分为以下三个时期和两个阶段。

好氧堆肥的三个时期如下。

（1）升温期

升温期是指堆肥初期堆体温度从室温上升到 50℃ 的阶段。此阶段微生物以嗜温需氧型为主，包括嗜温细菌、真菌和放线菌。细菌对水溶性单糖类有特别强的分解能力，放线菌和真菌对于分解纤维素和半纤维素物质具有独特的功能。这些微生物利用堆肥中容易分解的可溶性有机物，如淀粉、糖等，迅速分解产生 CO_2 和水，释放出大量的热量，使堆体温度不断上升。

（2）高温期

温度上升至 45℃ 以上即进入高温阶段。通常从堆肥开始 2～3 天堆肥温度上升到 55℃，一周以内达到最高温度 80℃。高温期是堆肥过程中的关键时期，对有机物的腐熟起到了决定性作用。堆体温度上升到 50℃ 以上时，进入高温期，此时，嗜温性微生物受到抑制，嗜热性微生物逐渐繁殖并替代嗜温性微生物，堆体中残留和新形成的可溶性有机物继续分解转化，复杂有机物开始被强烈分解。在此阶段 C/N 值明显下降。高温不仅对快速腐熟有重要作用，在此阶段逐渐形成腐殖质，并开始出现能溶于弱碱的黑色物质，高温还有利于杀灭有机废弃物中的病原微生物。半纤维素、纤维素、蛋白质等复杂的有机物质进行分解。当温度上升至 50℃ 时，主要是嗜热性微生物和放线菌在分解有机物；当温度上升至 60℃，真菌几乎完全停止活动，主要是嗜热性微生物和放线菌细菌进行分解有机物；当温度上升到 70℃，微生物大量死亡或进入休眠，此时产生的热量减少，堆肥温度自动下降；当温度降低到 70℃ 以下，处于休眠的嗜热性微生物又重新活动，继续分解难分解的有机物，热量增加，堆肥处于一个自然调节的延续持久的高温期。

（3）降温期

降温期又称为堆肥的腐熟阶段，经过高温期的分解作用，大部分容易分解或较易分解的有机物都得到分解，剩下的是较难降解的有机物如木质素和新生成的腐殖质。在这个阶段微生物活性减弱，产热量逐渐减少，温度逐渐下降至室温，嗜热性微生物逐渐被嗜温性微生物重新替代从而占据主导地位，腐殖质不断增加且趋于稳定，待堆肥进入腐熟期后，需氧量大量减少，含水率也有所降低。堆肥进入腐熟阶段。

好氧堆肥一般分为两个阶段，即一次堆肥（主发酵）和二次堆肥（次发酵）。一次堆肥氧化率高，微生物分解物质产生大量的热量，温度达到 60℃ 或更高，容易降解的物质大量减少，反应速度快，嗜温和嗜热性微生物活跃。二次堆肥温度低，需氧量少，可自然通风，但反应速率慢，可以继续降解难降解的有机物，使堆肥逐渐进入腐熟阶段。

8.2.3 好氧堆肥的微生物活动

好氧堆肥是微生物降解有机物的宏观表现，堆肥过程中微生物的降解作用决定了堆肥能否顺利进行。堆肥过程中按照微生物对不同温度的适应能力，可分嗜热性微生物、嗜温性微生物和常温性微生物。嗜热性微生物一般的适宜温度是45℃以上，当温度达到70℃，嗜热性微生物会受到抑制。嗜温性微生物的适宜温度为45℃以下。

刘有胜的研究发现，堆肥升温期细菌种群丰富，高温期优势种群明显，降温期群落结构稳定。堆肥开始阶段微生物分解堆料中较易降解的糖类、脂肪、蛋白质等有机物，获得营养，维持自身的生长繁殖，并放出热量，使温度逐渐上升，此时温度为40℃，中温菌是优势菌种。随着热量的增加，温度逐渐上升到50℃以上，嗜热性微生物大量繁殖取代中温性微生物，嗜热性微生物主要包括细菌、放线菌和丝状真菌，是分解纤维素和果胶类物质能力很强的微生物，在高温阶段能快速分解堆料中的难降解物质，同时，高温能杀死寄生虫卵和有害微生物，并产生腐殖质。在温度超过65℃时，丝状真菌停止活动；当70℃时，只有好热芽孢杆菌在活动。当堆料中营养物质不足以满足微生物生长时，嗜热性微生物死亡，常温性微生物开始活跃，使堆料进一步腐熟。

8.2.4 好氧堆肥生物酶的作用

堆肥酶学的研究是从土壤酶学过渡而来的，因为堆肥过程中堆料的形态、粒度、微环境、水热环境与土壤极为相似，因此借鉴土壤酶学技术研究堆肥过程中物质转化的过程。但堆肥过程中的酶与土壤中的酶又有所不同，堆肥的酶所处的温度、pH值等环境比土壤环境恶劣，而且堆肥过程中微生物大量繁殖，是土壤中数量的2～3倍，因此酶活性也必然比土壤酶活性高。堆肥是一系列复杂的生化过程，生化过程需要在酶的催化作用下进行。探讨堆肥过程中酶活性的变化可以了解物质转化的规律，分析堆肥的机理，并通过酶活性的变化指示堆肥的腐熟过程，有文献报道，脲酶的变化可作为堆肥腐熟化的重要指标。

堆肥过程中的酶可分为胞外酶和胞内酶。胞内酶是微生物细胞内生化反应的催化剂；胞外酶是微生物在代谢过程中产生的，释放到细胞外催化大分子聚合物质如纤维素、木质素、植物聚合物等的降解，使之转化为小分子物质透过细胞膜成为微生物可吸收的养分。堆肥是将大量大分子物质转化为小分子物质，胞外酶的作用强烈，研究发现胞外酶数量占优势。堆肥酶活性的研究主要是通过测定某些酶的酶活性，确定其酶促反应速率，以此间接反映堆肥过程中对该种物质的分解进程。

堆肥过程中研究的酶类主要包括水解酶类和氧化还原酶类。水解酶类主要是微生物分泌的胞外酶，催化水解一些大分子物质，使之能进入细胞内进行进一步的分解。根据堆肥原料的有机物质成分，堆肥过程中的主要水解酶类有蛋白酶、磷酸单酯酶、纤维素酶、半纤维素酶、硫酸脂酶和脲酶。不同的水解酶对应不同的水解底物，酶活性越高，对该种物质的水解作用越强烈。水解酶类活性决定堆腐矿质化进程和强度。氧化还原酶类的酶活性可以反映堆肥过程中微生物分解有机质的强度。一般的有机物降解过程都是脱氢作用，氧化还原酶的作用与腐殖质的形成有关，因此它们是指示堆肥腐熟化的重要指标。不同的堆肥过程各种酶的活性差异较大，不同的堆肥过程有不同的营养、水分、pH 值等，这些都严重影响微生物的代谢活动，产酶能力及酶活性强度受到重大影响。研究表明酶活性与堆肥过程中有机物质的降解存在相关性，以酶活性表征堆料中物质的降解进程和指示堆肥腐熟化具有可靠性，堆肥生物酶学有广阔的研究前景。

8.2.5　堆肥过程的影响因素

堆肥过程是好氧微生物菌群的生化作用，是一个复杂的生物化学作用过程。影响这个生化过程的因素有很多，堆料含水率、温度、通风供氧量、C/N 值、有机质含量、填充料、pH 值、颗粒度等对堆肥发酵的生化过程都有直接影响。

8.2.5.1　含水率

微生物的生长需要水分、养料，因此堆料中保持一定的含水率有利于微生物的正常生长。堆肥过程中，水分是一个重要的物理因素。水分含量是指整个堆体的含水量，水分的主要作用是：溶解有机物，参与微生物的新陈代谢；水分蒸发时带走热量，起调节堆肥温度的作用。水分的多少，直接影响好氧堆肥反应速率的快慢，影响堆肥的质量，甚至关系到好氧堆肥工艺的成败，因此，水分的控制十分重要。有研究通过对城市生活垃圾与污泥的混合研究分析证明：当含水率在 10.15% 以下时，细菌的新陈代谢作用普遍会停止。当堆料含水率太高时，制约堆体和空气的气体交换，还会因为过高的压力破坏堆料的完整性。Stentiford 认为，混合堆料最高含水率应在 65% 以下。在一般情况下 50%～60% 被认为是适宜的含水率范围。但也有研究认为，只要供氧充足，起始含水率可以高于 65%。在堆肥的后熟阶段，堆体的湿度也应保持在一定的水平，以利于细菌和放线菌的生长而加快后熟，同时减少灰尘污染。含水率随堆肥时间的变化见图 8-2。

8.2.5.2　温度

温度是堆肥中微生物活动量的宏观指标，是影响微生物活性的最显著因子，对堆肥反应速率起决定性作用。堆体温度过高或过低都不利于物质降解。Mackinle 等人通过研究发现：堆肥过程中，嗜温菌最适宜温度为 30～40℃，嗜热菌最适宜温度为 45.60℃。高温是好氧堆肥杀灭堆料中致病菌和病原体的主要手段。美国环保局规定，高温好氧堆肥的堆体温度必须在 55℃ 以上维持 3 天以上。堆肥温度是

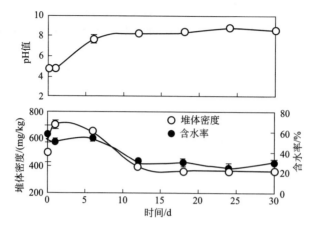

图 8-2　含水率随堆肥时间的变化

一个动态过程，一般要经历升温期、高温期、降温期。当堆料起始温度在 15℃ 以下时，堆体温度从开始升温到 15℃ 要经历一个起爆阶段，该阶段堆体温度上升缓慢。不同深度堆体温度随时间的变化见图 8-3。

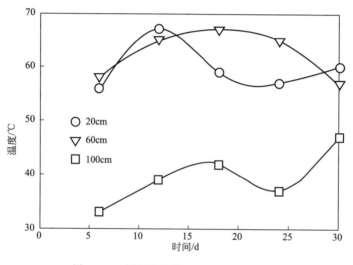

图 8-3　不同深度堆体温度随时间的变化

8.2.5.3　通风供氧量

通风供氧是好氧堆肥成功的重要因素之一。在堆肥过程中通风的作用有以下几点。

① 提供好氧微生物生长所需的氧气。如果堆体内的氧气含量不足，微生物处于厌氧状态，使降解速度减缓，产生 H_2S 等臭气。

② 调节温度。在适宜的情况下，微生物分解有机物产生大量热量，堆体温度上升，可以通过通风将堆体温度控制在适宜的范围内。但对于快速堆肥来讲，必须避免长时间的高温，温度控制的问题就要靠强制通风来解决。

③ 散除水分。在堆肥的前期，通风主要是提供微生物 O_2 以降解有机物；在堆肥的后期，则应加大通气量，带走堆料中的水蒸气，降低含水率。

通风的方式有自然通风、定期翻堆通风和强制通风。

① 自然通风是利用堆体内外的氧气浓度差，提供扩散动力，使氧气与物料充分接触。但自然通风供氧动力不足，堆体内部氧气分布不均而出现部分厌氧消化的情况，发酵不彻底并延长堆肥周期，影响堆肥质量。

② 定期翻堆通风是在堆肥过程中翻动堆体使空气进入到固体颗粒的间隙中，达到供氧的目的。定期翻堆提供的氧气量一般较少，不足以满足堆料的需氧要求，但翻堆有助于堆料的均匀，促进水分蒸发。

③ 强制通风是通过机械通风系统向堆体输送氧气的方式。强制通风有利于对通风量的控制，不需要占用大片场地进行翻堆，但强制通风一般需要在封闭反应器内进行且通风系统能耗较大。另外，通风管附近的堆料有明显的冷却效应，温度分布不均，物料易结块，虽然间歇强制通风可以改善通风管附近堆料的冷却效应，但仍不能解决温度不均和物料结块的问题。但综合来说，强制通风是最适合好氧堆肥的通风方式。一般情况下通风量范围为 $0.05 \sim 0.2 m^3/(min \cdot m^3)$。

8.2.5.4 碳氮比(C/N)

堆肥过程中，C/N 对微生物分解有机物的速度有重要影响。C/N 过低或过高都不利于好氧菌的生长繁殖，堆肥不容易达到稳定。当 C/N 高于 35∶1 时，微生物需要经过多次生命循环，氧化过量的碳，以达到合适的 C/N 环境，因此需要延长堆肥腐熟的时间。C/N 低于 15∶1 时，有机物分解速度加快，可以缩短堆肥周期，但堆肥过程中会有严重的氮素损失。一般来说，初始 C/N 在 （25∶1）～（35∶1） 比较合适。胡天觉等人的研究发现，C/N 为 30∶1 时堆肥效率最高，堆肥结束时的 C/N 变化也最明显。

8.2.5.5 有机质含量

有机物是微生物赖以生存和繁殖的重要因素。好氧堆肥的原料合适的有机物含量为 20%～80%。当低于 20% 时，堆肥过程无法为微生物的生长提供足够的碳源，不利于微生物的繁殖，难以维持堆体的高温要求，堆肥过程中产生的热量不足以提高堆层的温度而达到堆肥的无害化，而且会产生严重的碳素损失，影响堆肥产品的肥效；当高于 80% 时，微生物在分解高含量有机物时所需氧量大大增加，但实际供氧难以达到所需的要求，使堆肥出现厌氧而产生恶臭，也不能使好氧堆肥顺利进行。

8.2.5.6 填充料

有机废弃物的碳、氮含量不一，有些并不能达到堆肥所需的要求，要使堆肥顺利进行，可在有机废弃物中加入一些填充料，调节物料的碳、氮等。填充料可以提供碳源、调节物料含水率、提高堆体孔隙率，一般要求填充料应干燥、疏松、低密度并有一定的有机物含量。

填充料按作用分为膨松剂和调理剂。膨松剂如秸秆、稻草、木屑等可以改善堆料的孔隙率。而调理剂不仅改善孔隙率而且可以调节堆料的碳氮比，稻壳、树皮、干草、木屑都可以作为调理剂。

8.2.5.7 pH 值

pH 值是影响微生物生长的重要因素。堆肥初期 pH 值过高或过低均会抑制堆肥反应，一般适宜的起始 pH 值为 6.5～7.5，这是微生物生长较合适的酸碱度范围。但也有研究表明，pH 值在 3.12 时堆肥还可以顺利进行。pH 值随着温度和堆肥进行而不断变化。在初期，pH 值下降，有机物被分解为二氧化碳和水并产生氨；pH 值上升到堆肥结束时，pH 值一般达到中性或弱碱性（图 8-4）。

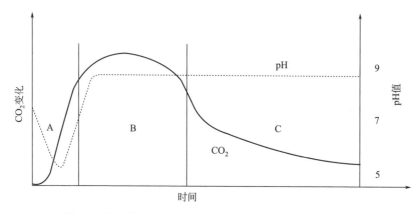

图 8-4　在批量堆肥过程中典型的 pH 值随时间变化的曲线

8.2.5.8 颗粒度

堆肥原料的颗粒度影响堆肥的进程（图 8-5）。粒径过大会导致氧气分布不均匀，颗粒内部也难以接触液相，造成微生物对有机物分解不彻底，影响堆肥效果。粒度过小，通风效果不好，容易造成厌氧，产生恶臭。不同的堆置方式有不同的适

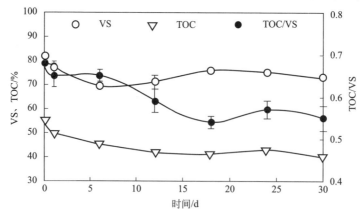

图 8-5　堆肥过程中 VS、TOC 随时间变化的曲线

宜粒径。当采用机械搅拌或强制通风的通风方式时,堆料粒径应较小,在 10.15mm 左右为宜,而大堆体自然通风时,粒径可以大些,在 50mm 左右。

8.3 餐厨垃圾堆肥处理工艺及影响因素

8.3.1 餐厨垃圾堆肥工艺流程

传统堆肥化生产采用厌氧的野外堆积法,这种方法占地大、时间长。餐厨垃圾堆肥处理中一般采用好氧堆肥工艺,通常由前处理、主发酵(亦可称为一次发酵或初级发酵)、后发酵(亦可称二次发酵或次级发酵)、后处理、脱臭及储存等工序组成。常见工艺流程如图 8-6 所示。

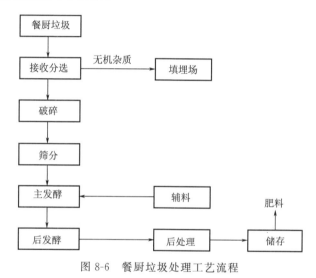

图 8-6 餐厨垃圾处理工艺流程

8.3.2 餐厨垃圾堆肥装置分类

按照需氧程度,堆肥可分为好氧堆肥和厌氧堆肥。好氧堆肥是在通风条件下,有游离氧存在时进行的分解发酵过程。好氧堆肥对有机物的分解速度较快、降解比较彻底、堆肥周期短。一般一次发酵在 4~12 天,二次发酵在 10~30 天。厌氧堆肥是依赖专性和兼性厌氧细菌的作用降解有机物的过程。厌氧堆肥的工艺较简单,通过堆肥自然发酵分解有机物,不用外界提供能量,因而运行费用低,还可以利用产生的多余甲烷,但是厌氧堆肥的周期较长,一般持续 3~6 个月,易产生恶臭、占地面积大。

按照要求的温度范围,堆肥可分为中温堆肥和高温堆肥。一般中温堆肥所需温度为 15~45℃,由于温度不高不能有效地杀灭病原菌,因此中温堆肥推广较少。

高温堆肥一般在 50～65℃，能有效杀灭病原菌，且温度越高，臭气产生就越少，因此高温堆肥推广较多。

按照场所，堆肥分为露天式堆肥与装置式堆肥。露天式堆肥即将堆肥物料露天堆积，通过自然通风、翻堆或者强制通风以供给有机物降解所用的氧气，所需设备简单且周期短，但是堆肥时间较长，占地面积大，受气候影响较大，且容易有臭味或者虫蝇，但是在农村地区比较适合推广。封闭式堆肥（装置式堆肥）即在发酵塔、发酵筒、发酵仓内进行堆肥，通过风机强制通风，提供氧源，这种方式的优点是机械化程度较高、堆肥时间较短、占地面积较小、堆肥质量可控可调，因此适合大规模工业化生产。

按照发酵历程，堆肥可分为一次发酵和二次发酵。堆肥的中温与高温两个阶段的微生物代谢过程称为一次发酵或者主发酵，即从发酵初期开始经历中温、高温达到预期温度并开始下降的整个过程，其主要目的是使物料达到初步温度。二次发酵是一次发酵完成后仍需要对难降解的木质素和纤维素进行二次发酵。

8.3.3　餐厨垃圾堆肥工艺设备

堆肥是利用微生物的分解作用处理有机物含量高的废弃物，一般在堆肥过程中由于有机碳、氮物质的分解会产生氨气等刺激性气味和一些令蚊蝇十分喜欢的气味，招惹蚊蝇，污染空气，而且产生渗沥液。露天堆肥给人们的日常生活带来严重的影响，目前一般采用密闭系统进行好氧堆肥。席北斗等设计了翻转式的堆肥反应装置，该装置从热量平衡、质量平衡出发确定反应装置的容积，对堆肥通气量及风压要求找出合适的工艺条件，并配备电机、搅拌装置、进出料口传动装置和气体监测装置。韩涛等设计的密封式筒型堆肥装置，设有强制通风供气结构、气流缓冲腔等，并采用密封保温腔通入 40℃恒温水进行水浴加热，设上、中、下取样及测温口，采用法兰接口密闭容器。李承强等采用通气静态仓式堆肥装置，仓内设有通气层、堆肥仓、覆盖仓，外部配有温度控制器、时间继电器和温度传感器。杨延梅等设计了柱状的发酵箱，反应装置包括堆肥物料仓、排液口、电机、风机、干燥机、恒温预热箱、气体流量计、气体测定仪和搅拌装置。吕凡等设计了以恒温箱为基础的堆肥装置，设定恒定温度为 38℃，并设有温控装置、搅拌装置、气体测定装置、测温仪等。蒲一涛等设计了截面为梯形的堆肥仓，以便堆料在堆肥过程中向下塌落，起到类似翻拌的作用。好氧堆肥的实验研究装置一般较小，堆体小，一般设有保温层或采用一些保温手段如恒温水保温以及保温箱等，并配备温度监测仪或温控仪，根据实验需要控制温度的范围，有些系统还配有电动搅拌装置和气体测定装置，对堆肥过程实行多方面详尽的监测。

餐厨垃圾的堆肥方法主要是"无发酵仓式"堆肥和"发酵仓式"堆肥两大类，分别属于"开放式"堆肥和"封闭式"堆肥。目前市售的密封式堆肥容器主要为箱式（tank）、滚筒式（roll-off）、缸式（tub）。滚筒式和缸式容器由于装备了机械搅拌装置，在堆肥过程中可以随需要对物料进行搅动，使物料均匀化，同时减少缺氧区域的产生，因此处理效率高，比较适合在酒店、学校等地运行。箱式容器虽然没有搅拌装置，但其容积大、处理能力高，适合在人口相对稀少的空旷场所运行。

8.3.3.1　无发酵仓式堆肥设备

（1）条垛式堆肥系统

在露天或者棚架下，将堆肥物料堆置成条垛或条堆，并在好氧条件下进行发酵。垛的断面可以是梯形、不规则四边形或者三角形。条垛式堆肥的特点是通过定期翻堆来实现堆体中的有氧状态，其一次的发酵周期是 1～3 个月。场地准备上应留有足够的空间，使堆肥设备在条垛之间操作方便，堆体的形状应注意维持不变，且考虑周围环境和渗漏问题。面积大于 20000m² 的场地或雨量多的地区需建储水池，用以收集堆肥渗滤液和雨水；在建堆尺寸方面要首先考虑发酵需要的条件，但也要考虑场地的有效使用面积。在不会导致条堆倾塌和不会显著影响物料空隙容积的前提下，堆高可以相应增加，但随着堆高的增加，通风阻力也会增加，从而导致通风设备的出口风压也相应增加，且堆体增加，易在堆体中心发生厌氧发酵，产生强烈的臭味，影响周围的环境。根据综合分析和实际运用，推荐条垛适宜尺寸为：底宽 2～6m，高 1～3m，长度不限。最常见的尺寸为：底宽 3～5m，高 2～3m，其断面大多为三角形。在翻堆方式上，是用人工或机械方法进行堆肥物料的翻转和重堆，翻堆不仅要保证物料供氧，以促进机质的均匀降解，而且能使所有的物料在堆肥内部高温区域停留一段时间，以满足物料杀菌和无害化的需要。翻堆过程既能在原地进行，又可将物料从原地迁至附近或者更远的地方重堆。

（2）操作方式

由于通风是翻堆的主要目的，因此翻堆次数要取决于条堆中微生物的耗氧量。因此，堆肥初期的翻堆频率应显著高于后期。实践表明，3 天 1 次的翻堆作业即可满足生活垃圾堆肥所需要的最佳氧浓度。为了保证灭菌效果，可采用温度反馈装置控制，即在堆体中安装温度传感器，当温度大于 60℃时就应该进行翻堆。条垛式的优点为所需设备简单，投资相对较低；翻堆易使堆肥干燥，填充剂易于筛分和回用；长时间的堆腐使产品的稳定性较好。其缺点为：占地面积大，腐熟周期较长，需要大量的翻堆机械和人力，需要频繁地监测以保证通风和温度等技术需求，开放式翻堆会造成臭味的散发，运行操作受气候的影响较大，雨季会破坏堆体结构，冬季则造成堆体热量大量散失而使温度降低等。

8.3.3.2　强制通风静态垛堆肥系统

条垛式系统堆肥时产生强烈的臭味以及病原菌难以灭活，研究人员研制的强制通风静态垛系统就是在条垛式基础上加入了通风系统，能够有效地确保高温和杀菌。它与条垛式的区别主要在于通风是人工加入而非翻堆向堆体供氧。此系统在堆体下部设有一套穿孔通风管路，与风机相连，此管路可置于堆肥场表面或者地沟内，管路上铺一层木屑或其他填充料，使布气均匀，然后在其上堆放堆肥物料，成为堆体，最后在最外层覆盖经过筛（或未过筛）的堆肥成品进行隔热保温。

强制通风静态垛系统也是开放系统，与条垛式堆肥系统对场地的要求基本一致，设置防漏设施。强制通风静态垛系统最关键的是通风系统，包括鼓风机和通气管路，通气管路有固定式和移动式，固定式放于水泥沟槽中或者平铺于水泥地面上，上铺木屑、刨花等孔隙率较大的填充物，以均匀布气。通风方式为正压鼓风或负压抽风，也可由两者组成混合通风。正压鼓风有助于物料中气孔的形成，以使物料保持蓬松，输气管不堵塞，能有效地散热和除去水分；负压抽风易使物料压实过紧，效率较前者较差。为减少通风阻力，强制通风方式对堆肥物料特性有以下较为严格的需求：物料呈粒状、松散状；颗粒尺寸应均匀，一般适宜粒径范围为 12～60mm；物料含水率应控制在 55% 左右，避免水分过多引起物料孔隙容积减少甚至压实。若采用翻堆与强制通风相结合，称为强制通风条垛系统。其操作除定时翻堆外，其余与强制通风静态垛系统相似。

强制通风静态垛系统的优点：设备投资相对较低；与条垛式系统相比，温度及通风条件得到更好的控制；堆腐时间相对较短，一般为 2～3 周；产品的稳定性较好，能有效地杀灭病原菌及控制臭味；由于堆腐时间较短、填充料相对较少，因此占地相对较少。但是该系统易受气候条件的影响，如雨天会破坏堆体结构。与条垛式系统相比，在足够大体积和合适的堆腐条件下，受寒冷气候的影响比较小。

8.3.3.3 装置式反应器（发酵仓）堆肥系统

装置式堆肥系统是将堆肥物料密闭在发酵装置（如发酵仓、发酵塔）内，在控制通风和水分的条件下，使物料进行生物降解和转化，也称反应器系统、发酵仓系统等。发酵装置种类繁多，主要为以下几种。

① 斗式翻堆机发酵池（图 8-7）。斗式翻堆机发酵池也称移动链板式翻堆机，是使用最多的形式之一，该发酵池属于水平固定类型，通过安装在槽两边的翻堆机对有机堆肥物料进行搅拌，使之均匀接触空气，并使有机物迅速分解，防止臭味的产生。

图 8-7　斗式翻堆机发酵池

② 桨式翻堆机发酵池。这种形式的翻堆机可以根据发酵工艺的需要，定期对物料进行翻动、搅拌混合、破碎、输送物料。这种翻堆机实际应用广泛，有一定的生命力。翻堆机由两大部分组成，即大车行走装置以及小车旋转桨装置。旋转桨叶依附于移动行走装置从而随之旋转。

8.3.3.4 卧式刮板发酵池

如图 8-8 所示，这种发酵池的主要部件是一个呈片状的刮板，由齿轮齿条驱动，刮板从左向右摆动搅拌废物，从右向左空载返回，然后再从左向右推入一定的物料。

图 8-8 卧式刮板发酵池

8.3.3.5 多段竖炉式发酵塔

多段竖炉式发酵塔是立式多段发酵设备之一，是指整个立式设备被水平分割成多段（层）。物料在各段上堆积发酵，靠重力从上段往下移动。多段竖炉式发酵塔因与污泥焚烧用的多段竖炉相似而得名，图 8-9 为多段竖炉式发酵塔，这是其中一种形式的示意图。

图 8-9 多段竖炉式发酵塔

8.3.3.6 筒仓式发酵仓

筒仓式发酵仓为单层圆筒状（或者矩形），发酵仓的深度大约为 4～5m，大多采用钢筋混凝土的结构。

8.3.3.7 螺旋搅拌式发酵仓

螺旋搅拌式发酵仓是动态筒式发酵仓的代表。

8.3.3.8 水平（卧式）发酵滚筒

水平（卧式）发酵滚筒有多种形式，其中典型形式为著名的达诺式滚筒，为世界各国最广泛的发酵设备之一。其主要优点在于结构简单，可以采用较大粒度的物料，使处理设备更加简单化，物料在滚筒内反复升高、跌落，同样可以使物料的温度、水分均匀变化，达到曝气的目的。

8.4 堆肥产品

8.4.1 堆肥腐熟度

堆肥的腐熟度和稳定度是表征堆肥产品（图 8-10）质量的重要指标，关系到堆肥产品的安全施用。堆肥的稳定度是指堆料没有恶臭气味产生，致病微生物已被杀灭，不再对环境造成危害，但仍对植物有一定的毒性的产品，对于具有较强耐受力的植物，可以施用此种肥料。对于稳定度可以从以下几个方面进行评价：堆体温度、颜色、气味、堆料的耗氧速率和 CO_2 释放速率、NO_3-N 含量和安全性测试等。

图 8-10　餐厨垃圾堆肥产品图

堆肥的腐熟度是指堆肥产品的稳定程度及其对植物毒性的大小。腐熟的堆肥产品达到稳定化和无害化并对环境无不良影响；堆肥产品施用到植物上，不影响作物的生物和土壤耕作能力。稳定度体现堆肥产品对周围环境的影响，腐熟度体现堆肥产品施用在植物上对其毒性作用。腐熟的产品必定达到稳定，但达到稳定并不一定达到腐熟。堆肥的最终产品是施用在植物上，因此必须确保堆肥产品不仅达到稳定还要无植物毒性，故堆肥的腐熟度评价更有现实意义。腐熟度评价的指标可以分为物理指标、光谱学指标、化学指标以及生物指标。物理指标包括温度、表观特征、热重分析。一般而言，物理指标只能定性地判断堆肥的腐熟程度，缺乏科学性和精确性，不过可以作为堆肥腐熟的预评价方法，对定量评价指标起指导作用。光谱学评价即利用光谱分析从堆肥过程中物质的变化、从物质结构角度评价堆肥的腐熟度。最普遍利用的光谱学方法有核磁共振法和红外光谱法，红外光谱法可以分辨化合物的特征官能团，而核磁共振不仅可以提供有机分子骨架的信息，而且能够反映碳核所处化学环境的细微差别和有机物的结构。化学指标包括有机质的变化、水溶性含氮化合物、有机酸、腐殖化程度、碳氮比、阳离子交换量。评价堆肥腐熟度的化学指标一般使用比较广泛，并且可以较好地反映堆肥腐熟情况，但很多指标测定方法复杂，然而，有机质含量、C/N、水溶性氮化合物测定相对简单，都是一些可以广泛推广的指标。生物指标是针对堆肥产品作用在土壤、植物上的影响进行评价的，是应用性的评价指标，相对而言更可靠、更有说服力，这些指标包括生物活性、呼吸作用和种子发芽指数，一般当种子发芽指数达到85%，就认为达到堆体腐熟。生物指标是应用性指标，相比物理、化学指标更科学、更可靠、更有现实意义，虽然生物指标测定时间长，但应该从测定方法上做改善而后普遍采用。

堆肥腐熟化的评价指标很多，各有优缺点，应根据堆肥的不同选料、堆肥工艺、通风条件等选择合适的评价指标，也可多种指标混合使用，确定堆肥腐熟评价更加可靠。通过以上分析，以测定方法的简易程度和可靠性作为标准进行选择，有机质含量、水溶性含氮化合物、C/N、种子发芽指数等指标的可行性更强，化学指标可以作为监测腐熟过程的指标，而种子发芽指数测定耗时长，可以作为化学指标的标定手段，使腐熟度的评价更可靠。

有机肥的养分全面，可以为植物的生长提供所需的氮、磷、钾养分以及各种微量元素如钙、锌、铜、铁、镁等。此外，有机肥中的腐殖质、微生物活体、高分子有机化合物、氨基酸、蛋白质、糖、胡敏酸等有机养分，可以被植物根系直接吸收，经分解后被植物利用。与化肥相比，有机肥具有营养全面、肥效持久、活化土壤、壮苗增产、保护生态的特点。

8.4.2 技术指标

有机肥为褐色或灰褐色，粒状或粉状，无机械杂质，无恶臭。有机肥技术指标如表8-2所列，相关标准对原料的各项指标进行了限制。如需满足有机质含量（以干基计）大于等于30%、总养分含量大于4%、水分低于20%的标准。此外，对一些重金属的含量进行了限制。

表 8-2　有机肥技术指标

项目	指标	项目	指标
有机质含量(以干基计)/%	≤30	总铅(以 Pb 计)/(mg/kg)	≤100
总养分含量(以干基计)/%	≥4.0	总汞(以 Hg 计)/(mg/kg)	≤5
水分(游离水)含量/%	≤20	总镉(以 Cd 计)/(mg/kg)	≤3
酸碱度(pH 值)	5.5~8.0	总磷(以 P_2O_5 计)/%	≥0.3
蛔虫卵死亡率/%	95~100		

8.5 餐厨垃圾堆肥处理环境风险

堆肥化是实现餐厨垃圾减量化、资源化、无害化的有效途径,不仅能解决餐厨垃圾造成的环境污染问题,同时实现了资源的循环利用,为农业生产提供优质的有机肥。然而,堆肥过程中环境风险问题不容忽视。环境风险是指在自然环境中产生的或者通过自然环境传递的对人类健康和幸福产生不利影响,同时又具有某些不确定性的危害事件。环境风险评价的主要目的是分析和预测从餐厨垃圾收集到最终肥料化产品使用的整个生命周期过程中有可能存在的潜在危险、有害因素、可能的损害程度,从环境安全、人群健康等角度评估规划和建设项目实施的可行性。原则上以规划和建设项目范围为基础,在综合考虑规划和建设项目实施可能影响的范围、周边自然保护区等需要特殊保护区域以及肥料化产品的使用区域基础上,合理确定外扩范围。

8.5.1　环境风险评价基本程序

以《建设项目环境风险评价技术导则》(HJ 169—2018)规定的建设项目环境风险评价程序和方法为技术依据,进行餐厨垃圾肥料化利用的环境风险评价。应包括环境风险识别、最大可信事故和源项预测、后果计算(风险物质在环境介质中的迁移扩散预测计算)、风险评价四个重要步骤。

其主要工艺过程为:分选出的餐厨垃圾经分选破碎后通过固液分离机,分离出的干物质作为堆肥原料,加入适当比例的调整料和高温复合微生物原菌,进入堆肥系统(经过升温、高温、降温、二次腐熟阶段),最后转化成为肥料;分选破碎过程中筛下的非堆肥物采用填埋或其他无害化处理;对固液分离得到的沥水再进行油水分离,进行油脂回收,经过油水分离后的废水以及堆肥过程中产生的渗滤液收集接管送污水处理厂处理达标排放;处理过程中产生的臭气集中收集,经生物除臭系统处理后达标排放。

8.5.2　餐厨垃圾堆肥环境风险

餐厨垃圾肥料化利用过程的风险因子主要产生于运输、预处理、堆肥、废物填埋和肥料化产品施用等五个过程。餐厨垃圾肥料化利用过程中臭气、废液储存及非正常工况都会对环境造成影响，另外肥料化产品的施用如未进行合格性检验也会对土壤以及农作物等产生生态影响。总体而言，餐厨垃圾肥料化过程主要潜在的环境风险包括 3 种突发性风险及 2 种累积性风险。

其中突发性风险包括以下 3 方面。

① 餐厨垃圾原料处理不及时导致餐厨垃圾存储时间过长，由于敞口堆存，餐厨垃圾原料腐烂变质产生臭气对周边环境产生的影响与风险；

② 餐厨垃圾一次发酵配套的臭气处理设施发生诸如停电等故障所带来的环境影响与风险；

③ 餐厨垃圾油水分离得到的沥水接收装置或者一次发酵与二次发酵所配套的渗滤液收集设施发生渗漏所带来的环境影响与风险。

累积性风险包括以下 2 方面。

① 肥料化产品没有进行有效处理导致产品中高盐分、致病细菌以及超标重金属残留对肥料施用对象（如农田庄稼、园艺作物等）的毒害风险，食用被重金属、高致病细菌污染的农产品可能产生的人畜健康风险；

② 由于在堆肥过程中温度操控不当、pH 调节不当、C/N 调节不当、氧气量不足或者过量、调整料使用不当产生劣质肥料化产品（指产品中全氮、全磷、全钾、有机质、有效氮、速效磷、有效钾等农作物所需营养成分过低或不足等），从而导致使用这些劣质肥料化产品的农作物、园艺作物、林木生长不良以及减产等生态影响与风险。

下面就餐厨垃圾堆肥中主要的三种问题（突发性风险——温室气体排放；累积性风险——肥料化产品盐分危害；累积性风险——垃圾肥料中的重金属研究及解决措施）展开描述。

8.5.2.1 餐厨垃圾堆肥突发性风险——温室气体排放

堆肥过程中氮素经历着分别由氨化细菌、硝化细菌、反硝化细菌、固氮细菌完成的氨化作用、硝化作用、反硝化作用和固氮作用等转化过程。研究发现，随着堆肥时间的延长，所有堆肥处理全氮的总量与堆肥前相比，都呈现降低的趋势，说明在城市垃圾堆肥期间，有机质在分解的同时，氮素有一定的损失。氮素在好氧堆肥过程中损失比较严重，损失的大体范围在 $16\% \sim 74\%$。这些氮素损失主要是以堆肥过程中含氮气体的形式向大气中逸散的，主要为 NH_3 和 N_2O 两种成分。含氮气体的大量逸散，不仅带来严重的环境污染，而且导致堆肥营养流失，产品品质下降。NH_3 是重要的臭气物质成分之一，具有刺激性气味。N_2O 是重要的温室气体，温室效应是 CO_2 的 296 倍。堆肥过程通常分为两个阶段：第一个阶段是升温与微生物增加阶段，通常持续几天到几周，在这个阶段氨态氮会快速积累并使 pH 值升高，因此堆肥过程中氮素损失主要是高温期；第二个阶段是保温后腐熟阶段，主要特点是腐殖酸的形成，由于铵态氮形成量减少，而硝态氮形成数量增加并且会以渗滤液的形式淋失。餐厨垃圾好氧堆肥中氮素转化与损失途径如图 8-11 所示。堆肥中的氨态氮转化为氨气挥发，挥发速率受温度、pH 值和底料中的氨化细菌的活性等因素的影响。这不仅降低了堆肥的养分，而且带来了酸雨和恶臭等环境问题。

餐厨垃圾堆肥过程中产生的 NH_3 排放造成堆肥厂及其周边地区的环境污染和堆肥品质的下降，另外堆肥控制不当会造成 CH_4 和 N_2O 等 GHG 气体（温室气体）的排放。因此，为避免堆肥处理的二次污染、促进资源的循环利用、减少温室气体排放对全球气候变暖的贡献，需要在堆肥过程中探究合适的添加剂，进一步优化堆肥工艺，提高堆肥品质，减少氮素气体的排放。

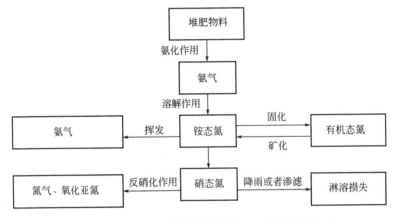

图 8-11　餐厨垃圾好氧堆肥中氮素转化与损失途径

8.5.2.2　餐厨垃圾堆肥累积性风险——肥料化产品盐分危害

餐厨垃圾肥料化产品中盐分的危害是累积性风险首先要考虑的问题。随着国家对有机废弃物的资源化利用方式进行不断研究，餐厨垃圾近来采用生物堆肥的方式进行处理，不仅机械处理能力较高，而且还生产出有机肥料，在一定程度上缓解了城市环境压力问题，但是，针对餐厨垃圾这种特殊的物料具有高含盐率的特性，生产有机肥料存在盐分问题，如果一旦施用于土地，可能会导致土壤的盐碱化问题。由餐厨垃圾转变而来的肥料化产品一般含盐量较高（NaCl 质量分数高达 1.239%），施用餐厨垃圾肥料化产品后，土壤全盐含量将会升高，且与肥料化产品的施用量呈正相关，如施用不当，溶解性盐分易在土壤中积蓄致土壤盐渍化，最后导致土壤板结。盐胁迫是影响植物生长、降低作物产量的不利因素之一，直接影响植物种子萌发和幼苗生长，最终导致作物产量、品质下降。其累积性风险大小与餐厨垃圾肥料化产品的施用量、盐分含量、施用时间等有显著的正相关关系。餐厨垃圾肥料化利用的盐渍化累积性环境风险可根据肥料化产品可能引起的土壤含盐量增加与盐渍化风险分级进行对比得出。土壤全盐质量分数与肥料化产品的施用量呈正相关关系。陆文龙等的研究表明，如果每年土壤中肥料化产品施用量为 $75t/hm^2$，则土壤全盐质量分数将增加 11.4％；肥料化产品施用量达 450t/hm² 时，土壤全盐质量分数将增加 27.3％。根据此数据，简单拟合出肥料化产品施用量与土壤全盐质量分数的关系［见式(8-1)］。

$$Z=[1+(7.44221nXA-19.122)\times10^{-2}]\times Y \tag{8-1}$$

式中　Z——土壤全盐质量分数，％；

　　　X——肥料化产品年施用量，t/(hm²·a)；

　　　A——肥料化产品施用时间，年；

　　　Y——土壤全盐质量分数基准值，％。

将施用肥料化产品后土壤的全盐质量分数与土壤盐渍化程度分类（表8-3）进行对比，得到盐渍化累积性环境风险大小。如用餐厨垃圾资源化再生处理技术，每天以处理 1t 餐厨垃圾为例进行计算最终肥料的含盐率。根据对城市餐厨垃圾物理特性调查与相关测定，得出如下数据结论：初始餐厨垃圾的含水率为 75％，最终肥料的含水率为 25％，依据《微生物肥料行业标准》(NY 227—94) 现在作如下的规定：

（1）按照理论值计算餐厨垃圾在生产肥料的过程中不存在固体质量的损失；

（2）餐厨垃圾原始的盐分按照质量分数为 1.4％，根据以上两条规定进行计算，最终计算生产的肥料含盐率质量分数为 4.24％，如果按照肥料密度为 0.9t/m³ 进行换算，最终肥料的含盐率达到 38.88g/L，远远高于国外肥料的盐分测定标准（参照表 8-4）。

表 8-3　土壤盐渍化程度分类

适用地区	土壤含盐率/％				
	非盐化	轻度盐化	中度盐化	重度盐化	盐土
滨海、半湿润、半干旱、干旱区	<0.1	0.1～0.2	0.2～0.4	0.4～1.0	>1.0
半漠境及漠境区	<0.2	0.2～0.4	0.4～0.6	0.6～2.0	>2.0

表 8-4　肥料的最终测试标准

测试参数	德国	澳大利亚	美国
Salt(盐)	<2.5g/L	<2g/L	<2mmhos/cm[①]

① 基质中可溶性盐含量单位。

8.5.2.3　餐厨垃圾堆肥累积性风险——垃圾肥料中的重金属

餐厨垃圾肥料化产品中可能存在的重金属在植物中的富集作用也是需要考虑的累积性风险。熟厨与居民饮食密切相关，一般不会存在重金属污染问题，如果存在，主要源自生物链富集食物；由于居民的生活习惯，餐厨垃圾一般会与电池、废灯管、废旧电器及表面镀金材料等生活垃圾一起混合，这些含重金属成分的生活垃圾在废弃过程中释放的重金属离子是餐厨垃圾重金属的重要来源。餐厨垃圾中最常见的重金属主要为 Cu、Zn、Cd、Cr、Pb 和 Ni。任福民等的研究结果表明，夏季餐饮业产生的垃圾中各种重金属元素的质量浓度为：As 0.91mg/kg、Pb 1.09mg/kg、Hg 0.60mg/kg、Cr 18.43mg/kg、Cd 0.43mg/kg、Cu 12.96mg/kg、Zn 111.54mg/kg，其中Hg元素的环境浸出毒性超出国家标准。与餐厨垃圾混合堆放的各种垃圾中，尘土的重金属含量最高，塑料中的Cd、Pb，报纸中的Cd、Cr、Cu，电池中的Hg、Zn均对餐厨垃圾的重金属含量产生影响。根据杨淑英等的监测结果，混有其他垃圾组分的餐厨垃圾重金属含量见表8-5。餐厨垃圾肥料化利用重金属累积性环境风险可通过肥料化产品的累积施用量与土壤最大允许施用量对比进行评价，当餐厨垃圾肥料化产品的累积施用量超过土壤的最大允许施用量时则会产生潜在环境风险。土壤中肥料化产品的最大允许施用量可采用式(8-2)进行估算。

$$Q_{max} = M \times (C_c - C_p) \times 10^{-6} \tag{8-2}$$

式中　Q_{max}——土壤中肥料化产品最大允许施用量，kg/hm^2；

　　　M——单位面积土地耕作层的质量，取 $2.25 \times 10^6 kg/hm^2$；

　　　C_c——土壤中重金属元素的风险基准值，mg/kg；

　　　C_p——土壤中重金属元素实测值，mg/kg。

C_c 可由式(8-3)计算得到：

$$C_c = C_f / E_{max} \tag{8-3}$$

式中　C_f——单位鲜质量食品中重金属元素的标准限值，mg/kg，根据国家相关食品卫生标准，食品中As、Cd、Cr、Hg、Pb的标准限值分别为0.50mg/kg、0.05mg/kg、0.50mg/kg、0.01mg/kg、0.20mg/kg；

　　　E_{max}——常见农产品中重金属元素富集系数的最大值，无量纲。

表 8-5　混有其他垃圾组分的餐厨垃圾重金属含量

重金属	Cu/(mg/kg)	Cr/(mg/kg)	Zn/(mg/kg)	Pb/(mg/kg)	As/(mg/kg)
范围	7.26~226.66	13.24~90.21	76.63~559.44	未检出~56.64	0.49~18.52

本 章 小 结

餐厨垃圾堆肥作为循环经济的重要响应，随着餐厨垃圾总量的进一步增多和我国对餐厨垃圾资源化利用的进一步鼓励，餐厨垃圾肥料化利用所面临的风险也必然受到进一步重视。目前仍存在大量政策、环境问题需进行深入研究，具体可概括为以下几个方面：一是餐厨垃圾肥料化利用尚未形成规模，宜针对今后发展的典型工艺开展细致的风险评价研究；二是当前的风险评价多停留于突发性风险，对累积性风险研究较少，餐厨垃圾肥料化利用形成的肥料重金属污染不容忽视，应开展更为深入的研究；三是针对我国对于餐厨垃圾肥料化工作管理的实际需求，应开展风险控制规范和标准的研究和制定。

参 考 文 献

[1] 孙翔，肖芸，阚慧，朱晓东，赵德华. 基于生命周期分析的餐厨垃圾肥料化利用环境风险评价研究 [J]. 环境污染与防治，2013，35（8）：33-38.

[2] 赵梦竹，潘燕辉，马金珠，曾正中，赵一莎. 餐厨垃圾和污泥联合好氧堆肥中的氮素转化及损失 [J]. 兰州大学学报：自然科学版，2016，52（3）：301-306.

[3] 王星，王德汉，张玉帅，陆日明. 国内外餐厨垃圾的生物处理及资源化技术进展 [J]. 环境卫生工程，2005，13（2）：25-29.

[4] U S EPA. Municipal Solid Waste in The United States：2001，Facts and Figures，Office of Solid Waste and Emergency Response [R]. 2003.

[5] 刘有胜，杨朝晖，曾光明，肖勇，杨恋，徐峥勇. PCR-DGGE 技术对城市餐厨垃圾堆肥细菌种群结构分析 [J]. 环境科学学报，2007，27（7）：1151-1156.

[6] 戴芳，曾光明，牛承岗，等. 堆肥化过程中生物酶活的研究进展 [J]. 中国生物工程杂志，2005，（增）：148-151.

[7] 李吉进，郝亚珉，邹国元，等. 畜禽粪便高温堆肥生物化学变化物征研究 [J]. 土壤通报，2005，36（2）：234-236.

[8] 谷洁，李生秀，秦清军，等. 水解类酶活性在农业废弃物静态高温堆腐过程中的变化 [J]. 中国农学通报，2005，21（5）：32-35.

[9] Jimenez E I，Garcia V P. Composting of domestic refuse and sewage sludge. I. Evaluation of Temperature，pH，C/N ratio and cation-exchange capacity [J]. Resources，Conservation and Recycling，1991，6：45-60.

[10] Stentiford E I. Composting control：principles and practice [M]. In：De Bertoldi M，Sequip，Lemrnes B，et al. The science of composting Part 1. Blackie：Glasgow，1996：25-59.

[11] Uao P H，Vizcarra A，Chen A，et al. Composting of separated solid swine manure [J]. Environmental Letters，1993，28（9）：1889-1901.

[12] Mackinley V L，Vestal J R. Physical and chemical correlates of microbial activity and biomass in composting municipal sewage sludge [J]. Applied Environmental Microbiology，1985，50：1395-1403.

[13] U S EPA. Design Manual Number 44：Composting of Municipal Wastewater sludge. 1985，4（85）：14.

[14] Shii H，Tanaka K Aoki M，et al. Sewage sludge composting process by static pile Method [J]. Water Science Technology，1991：1979-1989.

[15] Cekmecelioglu D，Demirci A，Graves R E，Davitt N H. Applicability of Optimised In-vessel Food Waste Composting for Windrow Systems [J]. Biosystems Engineering，2005，91（4）：479-486.

[16] Jokela J，Jukka R Aimoo，et al. Aerobic composting and anaerobic digestion of pulp and paper mill sludges [J]. Water Science Technology，1997，36（11）：181-188.

[17] Jackson M J，Martin A. Line Assessment of periodic turning as an aeration mechanism for pulp and paper mill sludge composting [J]. Waste Management and Research，1998，16（4）：312-319.

[18] 李国学，张福锁. 固体废物堆肥化与有机复混肥生产 [M]. 北京：化学工业出版社，2000.

[19] Kasper Jr V Derr D A. Sludge composting and utilization：all economic analysis of the Camden sludge composting facility [R]. Final report to UAEPA，NJDEP，CCMVA. New Brun swick：Rutgers state univ，1981：342.

[20] Arja H V，Makitta H S. Evolution of microbiological and chemical parameters during manure and straw

co-compsting in a drum composting system [J]. Agriculture, Ecosystems and Environment, 1997, 66 (1): 19-29.

[21] Golueke C G. Principles of composting [M]. In: The Biocycle Guide to the Art and Science of Composting. Emmaus, PA: J G Press, 1991: 873.

[22] Sundberg C, Yu D, Franke-Whittle I, Kauppi S, Smårs S. Effects of pH and microbial composition on odour in food waste composting [J]. Waste Management, 2013, 33 (1): 204-211.

[23] Sundberg C. Improving compost process efficiency by controlling aeration, temperature and pH [J]. Acta Universitatis Agriculturae Sueciae, 2005.

[24] Kim J D, Park J S, In B H, Kim D, Wan N. Evaluation of pilot-scale in-vessel composting for food waste treatment [J]. Journal of Hazardous Materials, 2008, 154 (1-3): 272.

[25] 胡天觉, 曾光明, 黄国和, 等. 仓式好氧堆肥过程中影响 TOC 降解的主要因素及其比较 [J]. 湖南大学学报, 2004, 31 (5): 42.

[26] 胡天觉, 曾光明, 黄国和, 等. 富水农业植物废物的易降解性及对其他堆肥植物降解的影响 [J]. 应用与环境生物学报, 2004, (1): 35.

[27] 席北斗, 刘鸿亮, 孟伟, 等. 翻转式堆肥反应装置设计研究 [J]. 环境污染治理技术与设备, 2003, 4 (9): 85-88.

[28] 李承强, 魏源送, 樊耀波, 等. 通气静态仓式污泥好氧堆肥的中试研究 [J]. 环境工程, 2001, 19 (1): 41-44.

[29] 杨延梅. 有机固体废物好氧堆肥反应器的设计 [J]. 重庆交通大学学报 (自然科学版), 2008, 27 (6): 1155-1159.

[30] 蒲一涛, 郑宗坤, 石春芝, 等. 静态好氧堆肥处理城市垃圾的工艺特点 [J]. 环境科学与技术, 2004, 27 (4): 54-56.

[31] 吕凡, 何品晶, 邵立明, 等. 餐厨垃圾高温好氧生物消化工艺控制条件优化 [J]. 同济大学学报, 2003, 31 (2): 233-236.

[32] 任福民, 汝宜红, 许兆义. 等. 北京市生活垃圾重金属元素调查及污染特性分析 [J]. 北方交通大学学报, 2001, 25 (4): 66-69.

[33] 杨淑英, 刘晓红, 张增强, 等. 杨凌城市生活垃圾中重金属元素的污染特性分析 [J]. 农业环境科学学报, 2005, 24 (1): 148-153.

[34] 许芳, 梁合诚, 樊娟, 等. 福州地区农业用地土壤重金属环境容量评价 [J]. 安全与环境工程, 2009, 16 (4): 6-8.

[35] 陆文龙, 毛建华, 李秀文, 等. 垃圾肥对土壤养分及物理性状的影响 [J]. 农业环境保护, 1998, 17 (3): 104-108, 112.

[36] 李兵, 王英, 董志颖, 朱建林, 陈宇辉. 餐厨垃圾强制供能好氧堆肥过程中理化性质动态规律研究 [J]. 中国环境科学学会学术年会, 2015.

第9章

工程案例

在美国、日本、韩国及欧盟等国，餐厨垃圾资源化处理早已法制化和企业化，成为了一项成熟的环保产业，而国内对于餐厨垃圾资源化处理尚处在起步阶段。本章从国内餐厨垃圾资源化处理工程案例入手，分析介绍目前中国餐厨垃圾资源化处理利用现状，为餐厨垃圾资源化的进一步发展提供可靠的依据。

9.1 青岛餐厨废弃物资源化利用和无害化处理项目

"十二五"之前，全国尚无专门针对餐厨废弃物的地方政策，没有建立起完善的收运处理体系，餐厨废弃物和废弃油脂缺乏安全、有效的处理渠道。为实现疏堵结合，建立餐厨废弃物处理的长效机制，国家发展和改革委员会、财政部、住房城乡建设部会同原环境保护部、农业部以城市为单位，启动了餐厨废弃物资源化利用和无害化处理城市试点工作。青岛市作为首批餐厨废弃物资源化利用和无害化处理试点城市，为改进餐厨垃圾的管理、保障食品卫生安全、提高城市卫生质量、实现资源的合理回收利用，于 2012 年 10 月由青岛十方环保能源股份有限公司承建，采用 BOT 的投资模式建立了青岛市首个餐厨垃圾处理厂，2013 年 9 月正式试运行。

9.1.1 项目概况

餐厨垃圾处理厂位于李沧区滨海路 36 号，占地面积 $15000m^2$。项目一期建设主要覆盖市内四区（市南区、市北区、四方区、李沧区）。青岛市内四区人口数为 186 万人。通过调查测算，市内四区的餐厨垃圾产量为 235t/d，每万人日均产生量为 1.26t。初期建设考虑到青岛市餐厨垃圾收运体系尚未建立，实际收集的餐厨垃圾量较少，因此项目一期处理规模为 200t/d。

9.1.2 工艺介绍

根据餐厨垃圾性质，结合国内外成熟的工艺技术，本项目采用湿式厌氧发酵工艺。餐厨垃圾湿式厌氧发酵主体工艺流程与质量平衡见图 9-1。

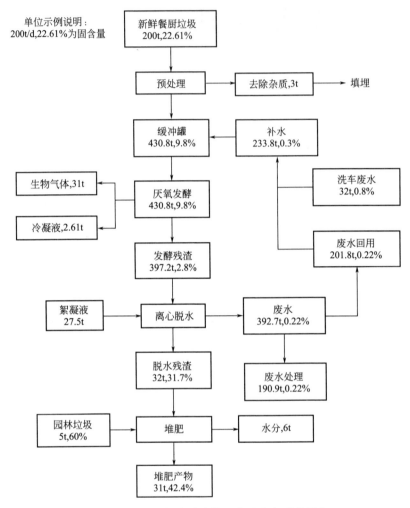

图 9-1 湿式厌氧发酵主体工艺流程与质量平衡

经过前端单独收集运输，进厂的餐厨垃圾由破碎机破碎后输入接料池，在接料池搅拌混合均质，然后进行重物质分离，由泵打入发酵反应器内，进行厌氧发酵。发酵过程产生的沼气经净化处理后储存于沼气储罐，最终进入变压吸附单元，净化后可供项目用能和对外供气。通过废水循环利用和燃气燃油两用锅炉产生的热能，可保证预加热反应物料和维持发酵罐温度，实现能量自足。发酵过程产生的沼渣沼液进入脱水环节。脱水后的发酵沼渣利用现有的堆肥设施进行堆肥，达到进一步稳定化的目的。脱水过程产生的废水一部分返回预处理系统调浆，一部分排入污水处理厂统一处理后排放。

湿式厌氧发酵工艺主要的设计与运行参数如下所示：

温度：55℃；

进料量：200t/d；

进料 TS：10%左右；

进料有机负荷：4～5kg VS/(m³·d)；

停留时间：21d 左右；

pH 值：6.5～7.5；

出料量：397t/d；

出料 TS：2%左右；

甲烷含量：45%～70%；

二氧化碳含量：30%～55%；

生物气体平均产率：25400m³/d。

9.1.3 工程效益

项目投运一年之后（2014 年 8 月），青岛市 70%的餐饮机构都签订了收运协议，青岛每天收集的餐厨垃圾有 140t，但是由于垃圾分类难以过关，其中 60t 的垃圾将会进行生化堆肥或者是焚烧处理，只有 80t 能够进行发酵处理，经过粉碎，变成浆液，进行发酵从而产生沼气，再经过提纯系统，每天能产生 3000～4000m³ 天然气，除了用于设备的运行使用外，剩余的天然气还出售给周边的工业用户。可能由于管理办法和执法力度的问题，还存在一些商贩偷偷收购餐厨垃圾，导致收运的垃圾质量不高，没有"油水"。餐厨垃圾处理厂设计日处理能力 200t，实际上是处于吃不饱的状态，随着未来政策和体系的完善，这种状态将会逐渐改善。

项目总投资 10178.39 万元，设计年处理垃圾 7.3 万吨，运营成本为 813.04 万元/年，单位经营成本为 111.38 元/t。年可出售天然气 366.24 万立方米，根据青岛市天然气价格（1.89 元/m³），则年均售气收入 692.19 万元。单位补贴费用为 150 元/t，年收入为 1095 万元，其全部投资财务内部收益率为 6.17%。

本项目属于对青岛市长远建设和经济发展具有重要作用的项目，在国民经济发展中社会效益和环境效益始终显著。

① 环境效益：项目实施后，很好地改善了青岛市的环境质量，快速地使垃圾无害化、减量化和资源化，具有巨大的环境效益。

② 促进身心健康：垃圾的无害化处理，总体环境质量的改善，都有益于人们的身心健康，减少疾病的发生，提高人们的生活质量，降低医疗费用。

③ 增加就业机会：垃圾处理厂的建设与投产，可以安置一批富余劳动力，增加就业机会，促进劳动力的转移，产生良好的社会效益。

④ 其他社会经济效益：环境质量的提高，将会为青岛市吸引更多投资，并促

进旅游产业和其他第三产业的发展，其间接带来的经济效益是巨大的。本项目有很大的间接效益，因而其国民经济内部收益率必将远远大于财务内部收益率，其经济内部收益率也能满足大于基准经济收益率（社会折现率）的要求。

9.2 江阴市果蔬垃圾分散处理示范推广项目

江阴市连续多年居全国百强县之首，城镇化水平高，生活垃圾收运及末端焚烧处理体系相对完善。随着垃圾分类工作逐渐推广，以餐厨垃圾为代表的有机垃圾处理设施及收运体系建设问题逐渐凸显：如选址困难、收运难以保障、产物无法消纳等。针对上述问题，江阴市从 2014 年起，通过与清华大学环境学院的合作，在江阴市政府等地开展有机垃圾处理试点。以此为基础，2016 年，江阴市政府创造性地提出在全市域采取"源头分类，区域集中，分散处理"的处理模式，充分利用各镇街已有生活垃圾收运体系及现有生活垃圾中转站闲置空地建设镇域有机垃圾处理项目站点，不仅解决了选址、收运等问题，同时有效缩短了项目建设周期，增强了物料保障能力，减少了垃圾收运距离，形成了独具特色的"江阴模式"。

9.2.1 项目概况

江阴市持续加快推进餐厨废弃物资源化、无害化处理，目前城区餐厨垃圾处理、镇街有机垃圾就地式处理项目 32 个处理点已全面建成投运，做到镇（街）全覆盖，设计日处理量达 172t，垃圾减量化率达 90％以上。各个项目均由预处理系统（涵盖集料、分选、破碎、脱水及输送系统等）、生物发酵系统、除臭系统、污水预处理系统及相应的电气和自控系统组成。成套设备配有恶臭污染物气体净化装置、污水预处理装置，保证日常运营排放气体和污水均能达到国家和地方相关标准要求。各项目提取的油脂销售给江阴本地有资质的回收厂家；发酵产物主要指标均满足 NY 525—2012《有机肥料》标准要求，可作为生产有机复合肥和生物有机肥的深加工的原料。该项目采取 EPC＋O&M 操作模式，由北京中源创能工程技术有限公司负责项目建设和运营服务。围绕城乡建设"1310 工程"中的五网升级工程，江阴在生活垃圾分类试点"12345"专项行动的基础上，在城区实施 20 个居民小区的垃圾分类试点扩面，2018 年将生活垃圾分类试点范围再扩面 50 个小区，将垃圾分类试点区域及集中供餐单位的餐厨类有机垃圾单独分流处理，能有效提升城市生活垃圾分流减量和分类处理水平。

9.2.2 工艺介绍

江阴市果蔬垃圾分散处理示范推广项目工艺流程见图 9-2、图 9-3。

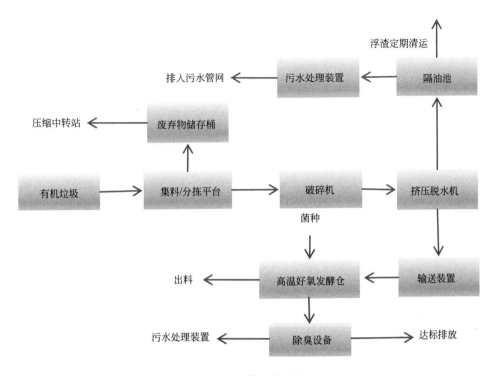

图 9-2　整体工艺流程

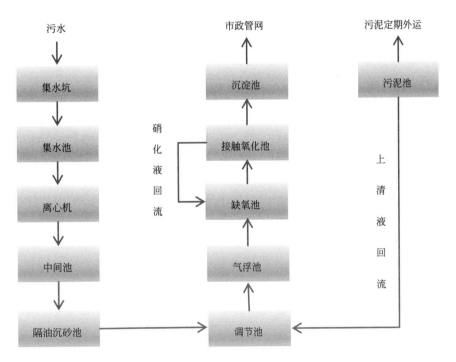

图 9-3　污水处理工艺流程

（1）接收阶段

来自餐饮单位、农贸市场等的餐厨、果蔬垃圾，经由专用运输车运至本项目集料/分拣平台，首先经由人工分拣，将其中的塑料袋、木块、包装材料、玻璃瓶、铁块等大块可见杂质分拣出来，分拣后的大块垃圾进入现有生活垃圾中转站压缩装置处理。餐厨、果蔬垃圾再由集料平台底部输送装置输送到下一阶段处理。

（2）预处理阶段

餐厨、果蔬垃圾在分拣平台经过人工分拣后输送至双轴破碎机破碎，破碎后的物料进入挤压脱水机，经挤压脱水机挤压脱水后，含水率降至70%以下，再由螺旋输送机提升至高温好氧微生物发酵装置，进行发酵处理。

（3）生物发酵阶段

经挤压处理后的有机垃圾经螺旋输送机送入专用的高温好氧发酵反应器内进行高温发酵。生物发酵阶段，在发酵装置55℃以上的持续高温作用下，物料经由高温好氧专性微生物菌属5～10天的持续发酵，含水率降至30%以下，物料中的可降解有机质被降解为稳定无害的富含有机质、腐殖质和营养物质的发酵产物，同时，物料中的病原菌、寄生虫（卵）和病毒被完全灭活。

对于上述工艺路线，采用智能自动控制系统优化发酵过程，发酵装置中设置有温度监测探头，探头采集的数据经信号采集器输入计算机控制系统，实时反馈控制发酵的状态和时间以保证处理效果，同时具备远程控制监控功能，方便人工监控操作。产生的尾气，经由引风机引入生物除臭装置，进行净化处理。

（4）生物除臭阶段

采用预洗涤塔＋生物滤塔组合工艺作为除臭工艺主体设备。

发酵装置中收集的尾气，经引风口进入除臭装置。尾气首先由反应器底部进入预洗涤塔，预洗涤塔可去除臭气中的粉尘，避免对生物除臭系统造成堵塞，同时起到降温和部分脱水的作用。

生物滤塔采用竹基炭等滤料作为载体，通过驯化培养，使填料表面形成一定厚度的生物膜，生物膜中形成具有除臭功能的生物群落。通过预洗涤塔处理后的尾气由底部进入填料区，臭气中污染物被生物填料截留并进行分解，同时填料上部间歇喷水，以保证填料具有一定的湿度，为生物新陈代谢和繁衍提供有利条件。尾气经过生物除臭装置处理后，最终从生物滤塔排入大气中。

（5）污水处理阶段

挤压脱水过程排出的污水，首先通过排污管排至集水坑。集水坑通过提升泵提升至集水池，对所排放的污水进行流量的缓冲和调节，稳定并调节水量和水质，确保后续处理设备连续运行。污水通过离心机，去除大颗粒杂质，排入中间池，再次通过提升泵提升进入隔油沉砂池二次处理，随后，排入调节池中。最终经调节池调出均质、指标稳定的污水，经提升泵提升送入组合气浮池。经组合气浮池作用，去除污水中大量的悬浮物、胶体、不溶性残渣及浮油层，保证后续生化系统的稳定运行。

污水处理核心装置采用先进、成熟、可靠的 A/O＋MBR 处理工艺，有效地去除污水中的各类污染物，确保其处理出水各项指标达到各项要求。

9.2.3　工程效益

江阴市果蔬有机垃圾分散处理示范推广项目，实现了有机垃圾就近消纳处理，有效缓解了江阴市现有垃圾处理设施长期超负荷运转问题，实现了有机垃圾的源头减量化、无害化和资源化。与此同时，果蔬有机垃圾分散处置站点的成功运行产生了良好的社会效益和生态效益，形成示范和带动效应。江阴市公用事业管理局结合移动互联网等各种载体，使监管单位可通过手机、平板等智能设备实时掌握设备运行情况，使运行透明化，管理更加高效。基于处置过程中积累的经验、公用事业管理局还开展了形式多样的宣传教育工作，定期举行垃圾分类处理讲座、项目站点参观等活动，努力提高市民有机垃圾分类意识和有机垃圾产生、收运、处理单位及从业人员的环保理念及服务水平，切实增强市民参与有机垃圾分类处理及环境保护意识，在全社会形成有机垃圾分类处理全民参与、齐抓共管的良好氛围，为江苏省乃至全国的有机垃圾处理奠定了坚实基础。

9.3　北京高安屯餐厨废弃物处理厂

北京高安屯餐厨废弃物处理厂是目前国内规模最大的餐厨废弃物资源化处理厂之一，是首批餐厨废弃物资源化利用和无害化处理试点城市项目，占地 30 余亩，设计日处理能力 400t，总投资 1.3 亿元，由北京嘉博文生物科技有限公司承建，于 2010 年 10 月试运行。

9.3.1　项目概况

项目位于北京市朝阳区循环经济产业园内，采用复合微生物高温好氧发酵技术，选取自然界生命活力和增殖能力强的天然复合微生物菌种，以餐厨废弃物、过期食品、发霉肉品、果蔬残渣等有机废弃物为培养基进行高温好氧发酵，产出高活菌、高蛋白、高能量的活性微生物菌群。这些活性微生物菌群经过二次发酵后加工成微生物肥料菌剂和生物腐殖酸，可应用于有机绿色生态农业和畜禽、水产养殖业，带动农产品品质改善和产量提高，实现资源循环再利用。

9.3.2　工艺介绍

餐厨废弃物处理工艺生产部分包括 3 个子工艺系统：①预处理系统；②生化处

理系统；③后处理系统。餐厨废弃物处理工艺流程见图 9-4。

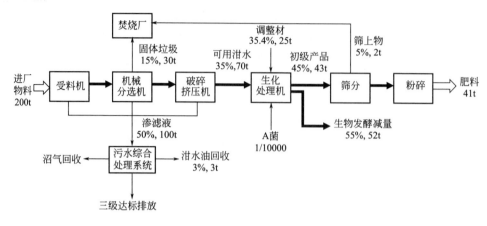

图 9-4　餐厨废弃物处理工艺流程

　　餐厨废弃物由专用的密闭式餐厨废弃物运输车收集运输进厂后，首先进行计量称重。然后车辆倒至卸料口处进行卸料操作，餐厨废弃物卸至受料机上。通过受料机的固液分离作用，渗滤液经筛网汇至集液池中，固体部分经破袋机处理后均匀散布在输送机上输送至自动分选机。自动分选机可将粒径大于 50mm 的固体物质以及塑料袋等自动筛出并由输送机送至生活垃圾压缩存储设备，50mm 以下的有机废弃物由输送机输送至备料仓内。

　　备料仓内的有机废弃物通过螺旋输送机进行简单的压榨脱水后装入专用容器，由专用叉车夹持运送至生化处理机进行复合微生物高温好氧发酵。有机废弃物在生化处理机内经约 10h 高温高速处理后，产出生化腐殖酸产品。以一个处理单元为例，处理量为 3t/次，生化处理流程大致为：首先投放调整材（一般为稻壳粉）约 0.8t；然后投放生物腐殖酸转化剂（即 A 菌）300g，投放比例为 1/10000，并与调整材充分混匀；最后投加备料仓中的餐厨废弃物，约 2.2t。整个生化处理过程由 PLC 控制，主要实时监测指标包括物料温度、仓内压力、燃烧温度、排气温度、循环温度和物料含水率。全过程耗时约 10h，分为发酵段、干燥段和冷却段，各阶段时间分配约 4：4：2。生化处理过程中，生物发酵减量的比例约 55%。

　　产出物由生化处理机出料口排出，由输送系统送至后处理系统，首先筛分出粒径较大的筛上物，然后对筛分后的产品进行进一步粉碎至粒径约 80 目，最后添加一定量辅料混匀后通过计量包装设备装袋、打包。

　　在预处理间配置专业异味控制系统对预处理车间内的环境空气进行异味控制处理，保障车间内及车间外厂区的环境空气质量（图 9-5）。集液池内的渗滤液及设备清洗过程中产生的污水由提升泵输送至综合处理系统，进入污水综合处理系统的原废水 COD 高达 $8 \times 10^4 \sim 1.3 \times 10^5$ mg/L，废水首先经过处理系统前端设置的机械格栅，去掉各类浮渣，随后进入絮凝槽，絮凝槽内需投加聚合氯化铝（PAC）、聚丙烯酰胺（PAM）等，经过絮凝沉淀分离，可以回收废油。絮凝槽的出水COD约为 $2 \times 10^4 \, mg/L$，经过调节池之后，紧接着进入厌氧折流板反应器（ABR），随后又进入接触氧化池，最后再经过膜生物反应器的处理，达到三级标准排放。

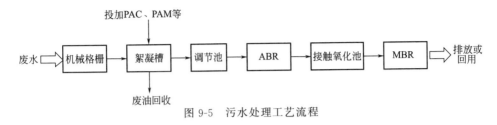

图 9-5　污水处理工艺流程

9.3.3　工程效益

该厂年消纳餐厨废弃物 13.2 万吨，基本解决 400 万城市人口的餐厨废弃物处理问题，年直接减排 CO_2 至少 15 万吨以上。年产生腐殖酸 8 万吨，可加工成环境友好型土壤调理剂肥料产品应用于生态农业，改良土壤，提高化肥利用率，减少化肥使用，缓解农业面源污染。该厂每年因减少煤炭资源消耗和化肥用量而带动农业 CO_2 减排 91 万吨，是绿色北京新八景之一。

9.4　济南市餐厨废弃物处理项目

济南市是国家第三批餐厨废弃物资源化和无害化处理试点城市。基于餐厨垃圾严峻的处理形势，济南市城市管理局自 2013 年起委托山东十方环保能源股份有限公司提供餐厨垃圾收运-处理处置-资源化利用服务，先后分两期建成济南市餐厨垃圾厌氧处理项目，总处理规模 400t。该工程采用先进的餐厨垃圾连续蒸煮设备、"双环嵌套式"两项厌氧反应器与小型模块化移动式沼气净化提纯设备，实现餐厨垃圾高效油脂回收、快速厌氧发酵与原位沼气提纯。

9.4.1　项目概况

项目位于济南市济阳县孙耿镇，占地面积 30 亩，采用 BOT 模式，投资 2.4 亿元，日处理规模 400t，承担济南城区，包括学校、酒店、企事业单位等 4000 多家单位的餐厨垃圾的处理工作，同时具备 30t/d 的废弃油脂处理能力，收运处置一体化。2018 年 6 月项目通过了国家发改委、财政部及住建部的联合验收。

9.4.2　工艺介绍

项目采用具有国际先进水平的"预处理＋油脂回收＋厌氧发酵＋沼气综合利用"工艺，餐厨垃圾运至厂内过磅后卸入料仓，滤水后的物料通过螺旋输送至粗分选设备，分选后物料输送至强力挤压脱水设备，杂质填埋、焚烧或制成 RDF，浆料及料仓的滤液混合后进入提油系统，经过加热后的浆料泵入三相分离机进行油、水、固三相分离。分离出的油脂用于加工生物柴油。水和固相浆料除砂后进入厌氧系统，产生的沼气用于锅炉产蒸汽、发电自用和精制天然气外售。沼液经过脱水后进入污水处理系统进行达标排放或者作为沼肥农业使用，沼渣填埋或者焚烧。同时配套供热系统，除臭系统、自控系统和收运监管系统。

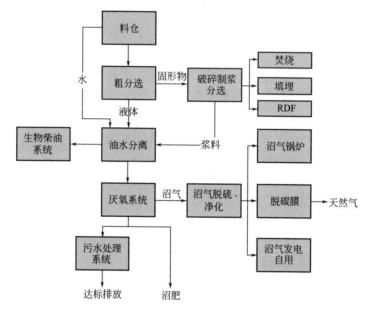

图 9-6　餐厨垃圾资源化工艺流程

值得一提的是本项目厌氧系统采用先进的高效双环嵌套式反应器，利用隔离墙将厌氧反应器分成里外两套空间，实现在同一反应器内实现二级强化水解酸化和产甲烷两相分离，在很大程度上保证了产甲烷菌的最适生长环境，提高了产甲烷菌的产气活性和效率，有效促进有机质的消化性能，提升降解效率和系统产气能力。

厌氧发酵系统产生的沼气使用小型模块化移动式沼气净化提纯设备进行沼气精制，产生的天然气进入燃气管网。主体工艺采用脱硫＋冷干机＋活性炭除杂＋两级膜的组合工艺，实现甲烷与二氧化碳净化与同步回收。

9.4.3　工程效益

该项目餐厨垃圾处理规模 400t/d，基本满足现阶段济南市 4000 余家餐饮单位的餐厨垃圾的处理。年产沼气 1000 多万立方米，提取粗油脂 5000 多吨。该项目对减少环境和地下水的污染，对提升餐厨垃圾的管理、保障食品卫生安全、提高城市环境卫生质量、实现餐厨垃圾资源化利用等方面具有重要意义。

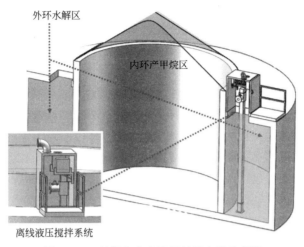

外环水解区

内环产甲烷区

离线液压搅拌系统

图 9-7 双环嵌套式高效厌氧反应器示意图

9.5 中央和国家机关餐厨垃圾就地资源化处理项目

北京市委、市政府高度重视生活垃圾治理,多次召开专题会议,研究部署餐厨垃圾专项整治和资源化处理工作。2011 年北京市出台《关于加快推进本市餐厨垃圾和废弃油脂资源化处理的工作方案》,明确提出"大力推进餐厨垃圾源头就地资源化处理设施的建设,推动每日就餐人员规模 1000 人以上的党政机关、大专院校、部队、国有企事业等单位和营业面积大于 $1000m^2$ 以上并具备条件的大型餐饮企业建设餐厨垃圾就地处理设施"。2013~2015 年,西城、石景山、昌平、通州、房山、怀柔、密云等区在党政机关、学校共建设了 30 个餐厨垃圾就地处理站并投入试运行,总处理能力约 40t/d。2015 年,北京市积极服务中央单位,支持中央和国家机关在餐厨垃圾就地资源化处理方面率先垂范,确定在 128 个中央和国家机关建设餐厨垃圾就地处理设备工作。

中央和国家机关餐厨垃圾就地资源化处理项目是首个针对中央和国家机关餐厨垃圾资源化处理的项目,由北京市财政出资,由国家机关事务管理局和中直管理局负责组织采购,用于对中央和国家机关在京单位的餐厨垃圾进行就地资源化处理。

9.5.1 项目概况

为缓解中央和国家机关餐厨垃圾处理、消纳等问题,维护机关良好办公环境,国管局、中直管理局在中央和国家机关推进餐厨垃圾就地资源化处理项目。2015 年通过公开招标确定了 13 家餐厨垃圾就地资源化处理设备供应商入围企业,并于 4 月上中旬召开餐厨垃圾就地资源化处理设备展选会,由 13 家企业提供处理能力为 200kg/d、300kg/d、500kg/d 三个规格的设备，共计 128 个部门、单位现场选择企业和处理设备。

9.5.2 工艺介绍

项目采用微生物好氧堆肥工艺对各单位产生的餐厨垃圾进行就地资源化处理。就地式餐厨垃圾处理设备集餐厨垃圾的提升、输送、破碎、脱水、微生物发酵、除臭等多项功能于一体，垃圾从单位食堂收运之后，经过破碎、脱水等预处理后送入好氧发酵仓内，在好氧微生物的作用下将有机垃圾转化为有机肥料、水和二氧化碳，从源头实现餐厨垃圾就地无害化处理。其工艺流程如图 9-8 所示。

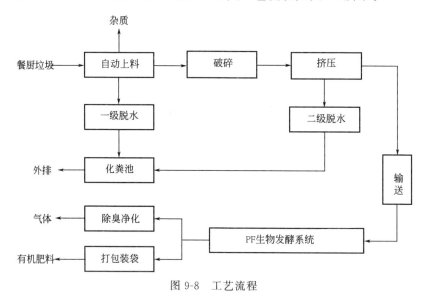

图 9-8　工艺流程

使用专用的可降解垃圾收集桶收集食堂产生的餐厨垃圾，通过自动上料系统，物料进入破碎系统，大块物料被破碎后更加有利于微生物反应与产物肥料性质的提高。破碎后的垃圾进入脱水模块，液体进入油水分离系统后排入化粪池，固体进入后续发酵系统。发酵系统使用机械搅拌、强制通风的方法提高发酵效率。经脱水处理后的有机垃圾水分脱除 50% 以上，固体物料含水率达到 60% 左右，前期减容率约 40%。同时，以溶解形态存在于有机垃圾中的盐分、油脂进入水相。设备工作环境温度 -10~40℃，反应器温度 ≥55℃。

脱水产生的液体可进入污水处理系统继续处理。脱水产生的固体物质，富含有机质的混合物料在微生物的作用下，降解为小分子的容易被作物吸收利用的肥料，发酵时间约 5~8 天。设备产出的有机肥外观颜色为褐色或灰褐色，粒状或粉状，均匀，无恶臭，无机械杂质，符合《有机肥料》（NY 525—2012）的相关要求，含水率 ≤30%，垃圾减量率约 90%，可作为土壤调理剂和粗制有机肥使用，如经由肥料深入加工后可制成复混肥、微生物菌肥等多种商业有机肥销售或使用。最终产品为可以调节作物土壤"生态微环境"的"生物有机肥",具有极高的经济价值。发酵段产生的废气经排气孔进入生物除臭系统排出。

9.5.3 工程效益

本项目的实施从源头上解决了北京市128个中央和国家机关的部门、单位的餐厨垃圾无害化和资源化处理,餐厨垃圾不用运出机关大院,即可实现就地无害化处理,杜绝了餐厨垃圾的非法处置,有助于从源头上整治"地沟油"等食品安全问题。

本项目餐厨垃圾日处理能力共计50t,占目前北京市餐厨垃圾处理能力的2.5%。总体减量化率90%,每天可产生有机肥5t。同时,每吨餐厨垃圾中可分离出约20~30kg油脂,本项目每年可减少近500t地沟油回流餐桌,按照我国居民平均每人日食用油消费量为41.6g计算,相当于3.6万人的食用油需求;减少近3000头泔水猪回流餐桌,按照我国平均每人每日猪肉消费量为85g计算,相当于1.5万人的猪肉需求。

本项目预计每吨餐厨垃圾可减少300kg COD排放,每天减少15000kg COD排放,按照生活污水浓度300mg/L计算,相当于每天减少5万吨生活污水。每处理一吨餐厨垃圾减排0.2t CO_2,年减排3600t CO_2,按照一棵树可以吸收二氧化碳18.3kg计算,相当于种植20万棵树。按照每吨餐厨垃圾收运成本100元计算,每年节省收运成本182.5万元。

餐厨垃圾就地处理设备具有占地面积小、集成化程度高、资源化利用率高、运行稳定等特点。就地处理打通餐厨垃圾无害化和资源化(图9-9)的"最后一公

图 9-9　餐厨垃圾资源化利用流程

里"❶，一方面真正实现餐厨垃圾的无害化与资源化处理，另一方面避免了餐厨垃圾集中处理中"吃不饱"的尴尬，特别适合农村、学校餐厅、机关单位食堂等，具有很好的推广潜力。

9.6 德清县垃圾分类回收一体化模式

2014 年开始，德清县在全国率先实施"一把扫帚扫到底"城乡环境管理一体化新模式，全力打造"全国最干净县"。基于"前端分类＋就地处理＋末端资源回收"的模式，截至 2016 年，德清县共建设、运行有机垃圾资源化利用站 12 座，在此基础上又建设了一座涵盖"垃圾分类宣传教育""有机农业应用示范体验""垃圾分类资源化处理""产物深加工"功能的城乡生态综合体。

9.6.1 项目概况

德清项目由北京中源创能工程技术有限公司规划承建，基于统筹规划、先试先行、由近及远、分期分批的原则，遵循分散处理理念，按照"减量化、无害化、资源化和稳定化"的原则，建立"前端分类＋就地处理＋末端资源回收"的全产业链覆盖模式。

截至 2016 年，德清县共建设、运行有机垃圾资源化利用站 12 座，其中 10 座为农村有机垃圾就地处理，处理规模 300～500kg/d 不等，2 座乡镇有机垃圾分散处理项目，处理规模各 10000kg/d。在此基础上，于 2018 年 8 月建成了一座以有机垃圾处理为核心，集垃圾分类宣传教育、肥料深加工、有机农业种植体验于一体的城乡环境生态综合体示范基地。处理对象全面覆盖城市居民、农村百姓日常生活中的厨余垃圾、果蔬垃圾等有机垃圾，有机垃圾在全县各处理站点进行微生物好氧发酵处理，发酵产物在生态综合体进一步精细化加工，生产出高效、绿色的有机肥料，实现肥料还田和真正的绿色循环。项目建成后，通过 13 个站点分散处理的模式基本实现了德清县有机垃圾处理全覆盖，总处理规模 43.9t/d。

9.6.2 工艺介绍

该项目是以有机垃圾处理为核心，通过产业前顶后延，形成的覆盖居民垃圾分类宣传教育—有机垃圾处理—有机肥深加工—有机农业种植示范体验的全产业链生态闭环，见图 9-10。居民产生的有机垃圾运输至基地后实现无害化处理，产物经深加工后形成有机肥料商品，在基地内的农业种植示范基地内实现资源化利用，产生的有机蔬菜、水果回归居民。全方位呈现有机垃圾处理及资源化的全过程，真正

---

❶ 1 公里＝1 千米。

图 9-10 产业链生态闭环

实现了垃圾的全处理、全循环、全资源化,并且将垃圾分类处理融入居民生活。

有机垃圾处理部分使用好氧发酵工艺,主要由垃圾分拣系统、预处理系统(涵盖集料、分选、破碎、脱水及输送系统等)、有机垃圾资源化系统、除臭净化系统、自控系统、远程监控系统等组成。采用全密闭高效微生物发酵技术,将居民分类产生的有机垃圾、农贸批发市场产生的果蔬垃圾以及一部分林园垃圾、餐厨垃圾等进行预处理,转化为易于被微生物降解与利用的形态。在后续的好氧发酵过程中,通过微生物作用将有机垃圾降解为水、二氧化碳等物质,实现垃圾的无害化、减量化、肥料化处理。垃圾分类回收一体化工艺流程图见图9-11。

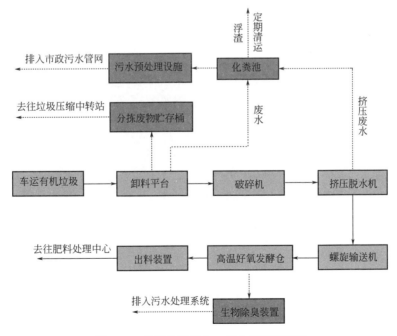

图 9-11 垃圾分类回收一体化工艺流程图

由于垃圾分类不能完全彻底，经过微生物处理的产物还含有一些杂质，组分波动大，缺乏一些营养元素，需要通过深加工才能变成真正的有机肥商品。

基于全县 13 座有机资源化利用站产生的高有机质含量产物，采用先进的有机肥加工工艺，通过筛选除杂、混合复配、造粒包装等工艺将有机垃圾处理后的有机肥产物实现深加工，实现从"有机肥料产品"到"有机肥料商品"质的变化，提升产品附加值，形成产业链。有机肥深加工流程图见图 9-12。

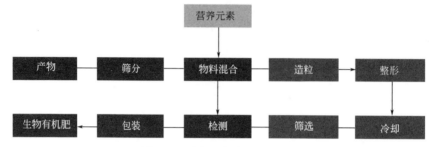

图 9-12　有机肥深加工流程图

该项目规划建设了钢结构全透明玻璃幕墙形式的农业大棚（图 9-13），充分利用阳光、雨水等大自然条件，采用立体种植、智能温控、定量浇灌等一系列现代农业技术，面向智能化、自动化方向，为农作物创造良好的生长条件。全程利用有机垃圾处理产物经深加工生产的有机肥，实现作物绿色、有机、无公害，实现了垃圾到农产品的完整生态链，循环农业功能的微缩体现。人们来到现场，既可以看到垃圾处理的全过程，还能直接参与到垃圾分类中来。通过实际操作与演示，将垃圾的分类成果以最直观的方式体现，提高农民使用绿色有机肥的积极性，打通有机垃圾资源化最后一道关卡。

图 9-13　有机农业应用示范体验中心

该项目包含一座垃圾分类宣传教育展厅（图 9-14），面向大众特别为全县中小学生的垃圾分类教育提供一个宣传、展示、体验于一体的教育园区。参观者可以在

图 9-14　垃圾分类宣传教育展厅全貌

展厅内学习到有关于垃圾的危害、垃圾分类的意义与方法、不同垃圾处理的方法等科普知识；展厅内设有生态综合体沙盘，可以全方位 360 度观察整个生态综合体；并为参观者设置了游戏互动环节，通过寓教于乐的方式，让每一个来访者认识垃圾种类并有效地参与到垃圾分类中。

9.6.3　工程效益

德清项目包括 12 座有机垃圾资源化利用站和 1 座城乡生态综合体，实现有机垃圾分类处理覆盖率 100%，总处理规模 43.9t/d。生态综合体规划建设了主城区 20t/d 有机垃圾资源化处理中心、有机垃圾发酵产物高值利用深加工中心、有机肥农业应用示范体验中心，同步规划建设面向全县中小学生和居民的垃圾分类宣传教育园区，形成有机垃圾"前端分类＋就近处理＋资源回收"的创新模式，成为引领浙江省乃至全国垃圾处理分类普及工作的典范，对我国垃圾分类全面开展具有重要示范意义。

本　章　小　结

目前，国内餐厨垃圾处理按照处理工艺主要分为厌氧发酵、好氧堆肥、提油＋饲料等。"十二五"期间，我国餐厨垃圾的产生量约为 10 万吨/天，国家先后支持建设了五批共 118 座餐厨垃圾处理处置项目，总处理能力 2.15 万吨，其中已确定处理技术路线的 111 座中：采用厌氧发酵技术处理的有 80 座，处理能力占比 76.1%；采用好氧堆肥处理的有 16 座，处理能力占比 14.1%；采用饲料化或其他技术的有 11 座，处理能力占比 6.4%；采用好氧堆肥和厌氧发酵结合的有 4 座，处理能力占比 3.3%。

按处理规模可分为集中式、分散式和就地式。其中本章涉及的青岛项目、北京高安屯项目和济南项目为集中式，餐厨垃圾统一收运至指定的餐厨垃圾处理厂进行处理，覆盖面积大，收运路线长，处理规模通常在 50t/d 以上；中央和国家机关项目为就地式，直接使用小型餐厨垃圾处理设备，布置在餐厨垃圾产生源头，对餐厨垃圾就地处理，处理规模一般在 1t/d 以下；江阴项目为分散式，在小范围内建立中型的餐厨垃圾处理中心，处理规模介于集中式和就地式之间。

"十二五"期间，我国餐厨垃圾处理虽然取得了丰硕的成果，但是我国餐厨垃圾处理行业总体上来说还处于起步阶段。首先是管理政策力度欠缺，现在虽然出台了一些餐厨垃圾管理办法，但都仅限于地方层面，在中央层面上处于缺失状态，这就会产生地方领导在换届交接中相关工作的"断层"。其次，餐厨垃圾处理技术路线过于单一，亟待多元化。现在餐厨垃圾处理领域，厌氧发酵技术一枝独秀，占据"半壁江山"，但厌氧发酵技术要想真正大范围应用仍有难度。最后，市场运营模式不成熟，目前绝大多数试点城市尚未形成长久稳定的市场运营机制。

　　餐厨垃圾处理同时面临着"处理能力不足"和"吃不饱"的困境，因此保证收运上来的垃圾的质与量也是需要解决的。

　　"十三五"餐厨垃圾预计产生量将达到 12 万吨/d，到 2020 年末餐厨垃圾处理能力要达到 7.5 万吨/d，而目前餐厨垃圾的处理能力仅 2.15t/d，因此，"十三五"期间餐厨垃圾处理行业面临极大机遇。